JN082694

これからの AI× Webライティング 本格講座

AI × WebWriting

画像生成AIで 超簡単・高品質グラフィック作成

瀧内賢【著】

秀和システム

※本書は2023年11月現在の情報に基づいて執筆されたものです。
本書で取り上げているソフトウェアやサービスの内容は、告知無く変更になる場合があります。あらかじめご了承ください。

●注意

はじめに

画像生成AIとは、テキストを入力することでAIが自動的に画像を生成する技術です。2022年からは手軽に利用できる高品質なツールの影響で急速に広まりました。そして、入力するテキストのことをプロンプト(指示文)といいますが、この革新的な技術はWebコンテンツにおいて重要な役割を果たします。

たとえば、記事の中に挿入されるアイキャッチ画像は読者の興味を引きつけ、Webサイト内の回遊率や直帰率にも影響し、記事を読み続けるための重要なトリガー(引き金)となります。

従来は、イラストレーターやその他の専門家に依頼するか、フリー素材を探すなど、お金と手間がかかっていました。

しかし、画像生成AIを使うことで、魅力的で個性的なビジュアルコンテンツを誰もが簡単に生成できるようになりました。この先、業界内外を問わず、多くの人がかかわるようになると予想されます。

本書は、画像生成の手法と具体的な活用方法について、これからはじめる人でも理解しやすいように基本から解説しています。また、特定のツール本ではなく、画像生成AIのプロンプト本です。Adobe Fireflyをツールとして用いていますが、基本手順や共通要素に焦点を当て、他でも応用できるような構成です。

この画像生成AIプロンプトを学ぶことで、デザインやイラスト、ビジュアルコンテンツ作成が苦手であっても、AIが高品質な画像を作成できます。

最後に、この本が皆様にとって、AIとの共創を通じて新たなWebライティングの世界を切りひらく手助けとなることを心から願っています。ゆっくりと本書に向き合い、読み進めることで、Webライティングにおける付加価値を見つけ出し、その潜在力を最大限に発揮する方法を学べるでしょう。

本書がその一助となれば幸いです。

２０２３年１１月
瀧内 賢(たきうち さとし)

目 次

第4章 実践でスキルアップ：画像生成AIを使ったWebライティングのコツとWeb媒体での活用法
Web媒体への時短ワザとは？

第5章 商用利用について画像生成AIの規約を確認
画像の著作権やライセンスに注意しよう

第1章

Webライティング×AIではじめるこれからの画像生成

画像はテキストで生成する時代へ

1.1 AIとWebライティングの関係

この節のポイント

- 画像生成AIで質の高い画像とコンテンツが作成可能
- 画像生成AIの歴史と2022年の爆発的ヒットの背景
- 画像生成AIとWebライティングの新たな関係

●AI進化がもたらすWebデザイン作成の変化

近年、AIを用いた画像生成技術の進歩により、AIにテキスト入力で指示することで、高品質な画像を生成できる技術が注目されています。

つまり、従来の手書きのイラストや写真加工といった方法から一新したこの技術は、Webデザインの世界に大きな変革をもたらしました。

従来、文章と画像は別々に扱われ、それぞれが独立した手法で作成されてきました。イラストレーターなど専門の業者に依頼したり、フリー素材を探したりという、お金や手間がかかっていました。

それが、AIの発展により、自分自身で、記事やコンテンツのイメージに合った画像を生み出すことができるようになったのです。「プロンプト」(指示文) と呼ばれる文章を打ち込むだけで、直接画像を生成することができ、本物の写真のような高品質な画像を作成することもできるようになりました。(なお、Webライティングとは、一般的にインターネット上での文章作成を指しますが、本書ではAIに画像生成させるための指示文まで含めてWebライティングとして定義しています)

例えば、クリスマスの記事を書くために、「サンタクロースが子供と二人で映っている」画像を探していると仮定します。

フリー素材のサイトで探すと、イメージに合う画像を探すのに苦労します。

▼図1-1-1 フリー素材「サンタクロースと子供」の素材

対して、画像生成AIを使うと、イメージ通りのサンタクロースと子供の画像が生成されました。

▼図1-1-2 画像生成AIによる「サンタクロースと子供」の画像

画像生成AIの力により、手軽に優れた品質のイメージ画像を創り出すことができ、Webデザインの可能性が一層広がりました。

視覚的に強烈な印象を与える画像は、読者に記事の内容をより明瞭に伝え、深く理解させる役割も果たします。さらに、読者を記事の中に引き込み、最終的には記事の最後まで誘導する、案内役とも言える存在になります。

視覚的なインパクトをもたらすことは、「読者に記事を最後まで読んでもらう」という目的において重要です。

かつては、お金と手間がかかっていた画像も、画像生成AIを活用すれば、魅力的で個性的なビジュアルコンテンツを手軽に制作できるようになります。今後、画像生成AIを使ったデザインやビジュアルコンテンツ制作は、業界内外問わず、近い将来すべての人にとって必須のスキル（知識）となるでしょう。

この新しい技術を使いこなすためには、画像生成AIに対する理解と、それを効果的に活用するためのプロンプト（指示文）のスキルが求められます。

くわえて、商用利用や著作権に関することも理解する必要があります。

本書では、コンテンツの品質向上に取り組みたい方々に向けて、画像生成AIの基本的な概念と、それを活用するためのWebライティング（プロンプト）の方法を初心者、初級者の視点で解説していきます。そして、様々なツールに活かせる共通要素を抽出しています。

※本書は、特定のツールに依存する使用方法の解説書ではなく、その共通項を取ったWebライティングの本です。

画像生成AIとは？

画像生成AIとは、指定されたプロンプト（指示文）や参照画像をもとに、新しい画像を生成するAI技術です。例えば、「夕暮れに遊ぶ犬」といった簡単なプロンプトだけでも、そのイメージに合った写真やイラストが生成されるのです。

▼図1-1-3　画像生成AIで生成された「夕暮れに遊ぶ犬」の画像

画像生成AIにおける3つのメリット

画像生成AIには次の3つのメリットがあります。

❶多様な画風：生成される画像は、写真のようなリアルなものから、油絵やアニメ風など、様々なスタイルで出力することができる

❷高いクオリティ：AIが生成する画像の品質は非常に高く、時として人間が描いたかのようなレベルにまで達している

❸短時間での生成：テキストを入力してから画像が生成されるまでの時間は数～数十秒。驚くほどのスピードで美しい画像が手に入る

このように、画像生成AIは非常に多様で高品質な画像を短時間で生成することができる魅力的なツールです。デザインやコンテンツ作成、プレゼンテーションなど、さまざまなシーンでの利活用が期待されています。

ちなみに、図1-1-3の画風を変更した画像例が次の図のようになります。画風しだいで、生成結果が大きく変わります。

▼図1-1-4　油絵風の画像

▼図1-1-5　アニメ風の画像

●画像生成AIの歴史

画像生成AIの歴史は、AI自体の進化と共に歩んできました。2022年夏から画像生成AIが爆発的にヒットした背景も含め、その流れを解説します。

1970年代、画像AIの基礎となるプログラムが開発された初期の段階です。主にシンプルな形状の画像生成が可能となるレベルでした。

1980年代、手書き文字認識技術が開発されるなど、基本的な画像処理技術の進化が見られました。しかし、リアルタイムでの複雑な画像生成はまだ難しい時代でした。

1990年代、画像処理のアルゴリズムが大きく進化しました。機械学習を用いた初期の画像分類や再構成技術が研究されました。

2000年代、ディープラーニング技術※1の出現により、画像生成技術に大きな変革がもたらされました。特に、GAN (Generative Adversarial Network) ※2

※1 ディープランニング技術

ディープランニング技術は、コンピュータープログラムが大量のデータを学習し、そのデータに基づいて問題を解決する方法です。一般的には、コンピューターがデータからパターンやルールを見つけ出し、それを使用して新しい情報を生成または予測する能力とされています。

画像生成AIとの関係では、ディープランニング技術は大規模な画像データセットを学習し、その中から特定の特徴やスタイルを理解します。これにより、AIは新しい画像を生成する際に、学習したパターンやスタイルを組み合わせ、新たなクリエイティブな視覚コンテンツを生み出すことができます。

※2 GAN

GAN (Generative Adversarial Network) は、機械学習の一種で、一般的にはデータ生成に利用される技術です。機械学習とは、コンピューターに大量のデータを繰り返し与えることで、そのデータに内在する規則性などを学習させ、未知のデータが与えられた際に学習結果に当てはめて予測・判断・分類などを行えるようにする仕組みを指します。

GANは画像生成に特に有用です。AIによるクリエイティブな画像生成、写真修復、スタイル変換などの応用に広く活用されています。

の登場により、高品質な画像生成が可能となりました。

2010年代、Googleが「Deep Dream※3」を発表し、機械が個性的でアートな画像を生成することが可能になりました。これにより、画像生成AIの可能性が画像の専門家の間で知れ渡りました。

2020年代初頭、Web3.0の概念や、ChatGPTのような言語モデルの出現により、AIの利用方法が多岐にわたるようになり、画像生成AIもその中でさらに進化をしていきます。

2022年夏、MidjourneyやStable Diffusionといった、進化した拡散モデル※4を搭載し、プロンプトを入力することで高品質な画像生成ができるAIが一般の人にも注目され、使用されるようになりました。

●2022年の爆発的ヒットの背景

以下のような要因が合わさり、2022年夏には画像生成AIが専門家だけでなく、一般のユーザーにも認知され、爆発的なヒットを生みました。あれから1年以上たった現在は、ますます画像生成AIの性能は向上し、多くのユーザーがプライベートにビジネスにと取り入れ、画像生成を楽しめるようになりました。

※3　Deep Dream
Googleが開発した人工知能による画像解析ソフトウェアです。指定した画像を使って、以前に学習した特定のパターンで元の画像を改変し、新しい画像を生成する技術です。

※4　拡散モデル
画像、テキスト、音声などのコンテンツを段階的に変化させ、その後逆の過程を通じて元の状態に戻すことを学ぶ生成AI技術です。つまり、情報を少しずつ変えたり元に戻したりすることで、データとその内部にある特定の情報を結びつける手法を用います。

❶技術の成熟

過去数十年にわたる研究と開発の積み重ねにより、2022年までに画像生成AIは非常に高品質な画像を生成するようになりました。

❷データの増加

インターネットの普及とソーシャルメディアの流行により、利用可能なデータが増大。これが、AIの学習において大きな助けとなりました。

❸実用化の拡大

企業やアーティストが画像生成AIを実用的な目的、例えばアート制作やデザインのオートメーション、ゲームや映画のコンテンツ生成などに利用する事例が増加しました。

❹一般ユーザーのアクセス容易性

Webベースのアプリケーションとして提供される画像生成AIサービスが増え、一般のユーザーであってもアクセスしやすくなりました。パソコンの環境設定の手間もなく簡単に画像生成AIを使うことができるようになったことにより、専門知識がなくても簡単に高品質なイラストを生成することが可能になったのです。

▼図1-1-6　AIは進化していく

●画像生成AIとWebライティングの新たな関係

前述したように、Webコンテンツにおいて、イラストや写真などの画像は文章を補完し、情報の視覚的な理解を助け、読者の興味を引き寄せる役割を果たします。

適切な画像を選んで配置することで、文章の内容がより鮮明に伝わり、読者が情報を消化しやすくなります。また、魅力的な視覚要素は、読者をWebページに滞在させ、コンテンツを探求させる鍵となります。このため、文章のみならず、画像の選定と配置も大変重要な要素となります。

たとえば、画像の選定において、「熊」を題材にしたブログで、普段はのんびりした生態であることを表現したい場合は、次のようなプロンプトも書くことができます。

▼図1-1-7　プロンプト例とその生成結果

●Webライティングの活用で重要な4つのポイント

ここで、画像生成AIにおけるWebライティングの活用で重要な4つのポイントについて説明します。

❶視覚的なコンテンツの重要性

Webコンテンツはテキスト（文章）だけでなく、画像も含めた総体的な体験として捉えられます。人々は情報を処理する際に、視覚的な要素に大きく影響を受けるため、記事やブログに適切な画像を組み込むことで、読者の注意を引きやすく、記事の理解を深めることに繋がります。

❷画像生成AIの役割

従来、適切な画像やイラストを見つけるためには、ストックフォトのサイトを利用するか、専門家に依頼する必要がありました。しかし、画像生成AIを使えば、テキストの内容に合わせて瞬時にオリジナルの画像を生成することができます。このため、記事の内容や雰囲気に合った画像を効率よく取得することが可能になります。

❸カスタマイズと独自性

画像生成AIを利用する最大のメリットは、独自性の高い画像を生成できることです。オンライン上の情報は膨大なので、そのなかから、コンテンツに目を留めてもらうためには、他とは異なる独自のコンテンツが重要です。画像生成AIは、そのニーズに応え、個性的で、ブランドやメッセージに特化した画像を提供できます。

❹記事作成と画像作成の優先順位

まずは記事の内容となる文章（テキスト）を作成し、その後で文章の内容やメッセージに合わせて画像生成AIに指示を出すのがおすすめです。

例えば、記事の内容が「家族と過ごした楽しい夏の思い出」を書いたブログだとします。要素を「海、家族、笑顔、夏」とすると、「夏の海辺で笑う父と母と小さい頃の私」といった具体的なシーンを想像し、画像生成AIにプロンプト（指示文）として伝えることで、イメージに近い画像を得ることができます。

以上のようなポイントに留意して画像生成AIを活用すれば、Webコンテンツ作成における新たなツールとして、効果的な視覚コンテンツの制作に役立てることができます。

そのため、画像生成AIを試すことは、今後ますます重要になるでしょう。スキルを磨くことで、高品質グラフィックデザインコンテンツを目指していきましょう。

次の節からは、代表的な画像生成AIについて、その特徴や使い方をご紹介していきます。

1.2 さまざまな画像生成AIの紹介

この節のポイント

- 代表的な画像生成AIの紹介
- 画像生成AIの特徴とは？
- Adobe Fireflyを使う理由

●代表的な画像生成AIの紹介

この節では、代表的な画像生成AIや、筆者が実際に使ってみた7つの画像生成AIをご紹介します。詳しい使い方はこの本ではご紹介していませんが、ご興味のある方は一度使ってみてください。想像以上に簡単に高画質の画像ができることに驚かれると思います。

Midjourney

自然な風景生成が得意で、山々、湖、森林などの画像生成に適しています。

また、生成された画像は、高品質でリアルなディテールを再現しています。

さらに、簡単にカスタマイズする機能が備わっており、自身のイメージに合わせて調整できます。現在は有料プランのみですが、商用利用も可能です。ただし、Midjourneyのユーザーに作品が公開され、自由に他の人が使用、編集、保存できるため、自分がつくった画像を一般公開されないステルスモードを選ぶことを推奨します。

URL https://www.midjourney.com

Stable Diffusion

リアルな画像からアニメ風の画像まで、安定した品質の画像を作成できます。

拡散モデルと呼ばれるアルゴリズムを実装したもので、純粋なノイズから少しずつノイズを取り除いていくことで、最終的に何らかの画像を得るという仕組みです。そのため、以前の画像生成AIと比較して美しい画像が生成できます。

2022年8月に公開され、無料で使えるツールですが、本格的に使用するにはパソコン上で環境設定し、ダウンロードする必要があります。また、Web上で使う為のサイトClipDropでも使用することができます。

URL https://stablediffusionweb.com/

Leonardo.Ai

多くの魅力的な特徴を備えた画像生成AIです。まず、無料で利用できる点が大きな魅力です。

さらに、Leonardo Diffusion、Leonardo、Stable Diffusion 1.5 、Stable Diffusion 2.1など、複数の生成モデルを提供しており、利用者は自分のプロジェクトに最適なモデルを選択できます。

また、Control Netと呼ばれる、すでにある画像の要素だけを抽出して、生成画像に反映させる機能を利用することが可能です。例えば、サンプル画像のポーズだけを抽出して、同じポーズの画像を生成できます。有料プランもありますが、無料版であっても商用利用が許可されているのは魅力的です。

URL https://app.leonardo.ai/

DALL・E 2（Microsoft Designer）

DALL・E 2は、ChatGPTの開発会社であるOpenAI が作った画像生成AI です。2023年10月現在、DALL・E2は公式サイトからは、有料のみ利用できます。

2023年4月6日までに新規登録のユーザー限定で無料で使うことができましたが、現在は無料版は停止されています。

ただし、Microsoftの画像生成ツールであるMicrosoft Designerと、Bing AIチャットの画像生成ツールであるBing Image CreatorにDALL・E 2とDALL・E3が搭載されており、こちらでは無料で使うことが可能です。

商用利用も、有料無料にかかわらず、規約順守の上可能とOpenAIが説明しています。

またDALL・E3については、ChatGPTのPlusおよびEnterpriseユーザーが使えるようになりました。

URL https://openai.com/dall-e-2
https://openai.com/dall-e-3
https://openai.com/blog/dall-e-3-is-now-available-in-chatgpt-plus-and-enterprise

Canva

使いやすさが魅力で、テンプレートを活用して簡単に美しいイメージを作成でき、スタイルの変更やテキスト挿入、装飾など編集も可能です。また、Magic Media（Text to Image）というツールを使えば、日本語でテキストを入力し画像を生成することができます。

有料プランもあり、商用利用は基本OK、商標登録はNG、テンプレートや素材を無加工のまま商用利用してはいけない、他サイトの素材を使用するときは利用規約を必ず確認するなどの注意点がありますので、詳しくは規約を確認してください。

URL https://www.canva.com/

SeaArt

2023年4月に登場したSeaArtは、Stable Diffusionをベースにした AI画像生成ツールで、誰でも手軽に高品質な画像を生成できる魅力を備えています。毎日80枚までの画像生成が無料で利用できるため、利用者にとってコスト効率が高いです。

最大4096pxまでの画像拡大が可能なアップスケール機能も搭載されており、高解像度の画像を生成できます。

また、日本語に対応し、プロンプト入力が簡単です。PCの環境構築を必要とせず、Web上でサービスを提供しています。利用規約により商用利用が認められており、多くの用途に対応可能です。ただし、一部のモデル（ChilloutMixなど）については商用利用が制限されている点に留意が必要です。

URL https://www.seaart.ai/home

Adobe Firefly

グラフィック処理に特化したソフトウェアを開発・販売している企業であるAdobe がクリエーター向けに開発した画像生成 AI です。2023年3月に発表されました。ベータ版がリリースされていましたが、2023年9月に公式版がリリースとなりました。

著作権や知的財産権を侵害しない商用利用に適した画像を生成できるサービスとして注目を集めています。公式版がリリースされたことで、生成した画像は商用利用が可能になりました。

Adobe Fireflyは今後、Adobe製品に順次利用できるようになることが発表されています。

公式リリースされた9月時点では、Photoshop、Illustrator、Adobe Expressの3つにAdobe Fireflyが搭載されています。

URL https://firefly.adobe.com/

●どの画像生成AIがよいのか？

画像生成AIは、たくさんの種類があり、いずれも高品質な画像が生成できるように進化してきました。ここでは画像生成AIを選定するうえでの8つのポイントを解説していきます。

これらの要素を考慮し、最適なツールを決定しましょう。

❶多様性のあるテンプレート

テンプレートの多様性があるAIは、異なるテーマやコンセプトに合った画像を生成できます。これにより、さまざまなWebコンテンツに適したイメージを作成できます。

❷高品質な出力

画像のクオリティが高いAIは、その存在を読者に魅力的に訴える力があります。鮮明でクリアな画像は、プロフェッショナルな印象を与えます。

❸商用利用ライセンス

商用利用が許可されているAIは、ビジネス向けのWebコンテンツ制作に適しています。ただし、著作権の問題は画像生成AIの学習データに依存することがあります。学習データに含まれる要素やライセンスによって、使用できる画像の制約が変わるため、利用前に確認が必要です。

❹編集機能

生成した画像をカスタマイズできる編集機能があると、微調整できます。テキストの追加や色の変更などができると便利です。

❺自動更新と追加機能

AIが自動的に更新され、新しい機能が追加される場合、最新のトレンドや要求に応じたコンテンツを提供できます。

❻ユーザーフレンドリーなインターフェース

使いやすいインターフェースがあるAIは、専門知識がないユーザーにもアクセスしやすく、効果的に活用できます。

❼クリエイティブな自由度

プロンプト入力や○○風のスタイルなど、ユーザーが自分のアイデアを表現しやすいAIは、独自のコンテンツを作成するための自由度が高いです。

❽適切な価格

コスト効率の良いプランや価格設定があるAIは、予算内で高品質な画像を生成できます。

●Adobe Fireflyがおすすめ

筆者はさまざまな観点から、ビジネスとして使用される場合は「Adobe Firefly」をおすすめしています。その理由は次の通りです。

まずは画像生成の仕組みについて

画像の商用利用を検討している場合は、利用規約や潜在的なリスクを理解することが重要です。

例えば、画像生成AIブームの火付け役ともいえるStable Diffusionは、開発元であるStability AIが公式に発表しているモデルだけでなく、Stability AIのモデルを土台にした、色々な高品質画像を生成するためのモデルも発表しています。
(モデルとは、AIが学習した画像生成のためのデータの集まりであり、高品質な画像を簡単に生成することができるものです)

また、高画質の画像生成ができるモデルを含む概念として、AIモデルといわれるものがあります。

AIモデルとは、人工知能が提供されたデータを解析し、新しい情報を生成するしくみのことです。この技術はいろいろなデータのグループから共通の形やつながりを学び、それをもとに未来のことを予測するための答えを出します。与えられたデータに基づいて、どういう結果を出すかを決めるためのルールや方法を学ぶのです。

このAIは、たくさんの絵を見て、どんな色や形がどんな絵になるかを学んでいます。例えば、花の写真を大量に読み込み、分析することで、花の形状、色、葉の配置などのパターンを学習します。

その後、プロンプトによって生成したい花の画像の特徴を指示した場合、訓練データに基づいて新しいデータを分析し、その花の種類や特徴を予測し、次の図のように、新たな花の画像を生成することができるのです。

▼図1-2-1　たくさんの花の画像を読み込んで、新たな花の画像を生成

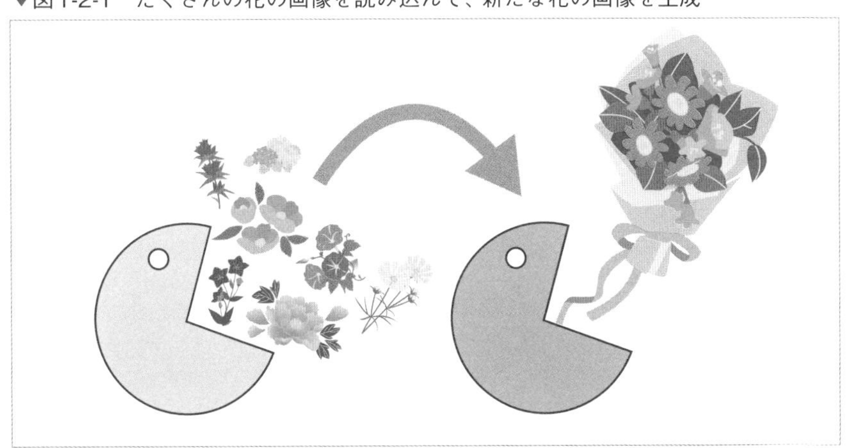

画像生成AIのリスクについて考える

Stable Diffusionのモデルに限らず、画像生成AIは学習段階で膨大な数の画像データを読み込んでいます。この学習データには、著作権が存在するものも多く含まれており、学習に使用された元の画像に関連する権利問題が生じる可能性があります。そのため、一部のAIモデルの規約では、生成された画像の商用利用を制限または禁止している場合があります。

仮に規約を無視し、商用利用をおこなった場合、次のリスクが考えられます。

- **著作権侵害**：元の学習データの著作権者からの訴訟のリスクがある
- **ブランドのイメージ低下**：不正な利用が公になった場合、企業の信用やイメージを損なう可能性がある

そこでご紹介するのが、商用利用でも安心して活用できる画像生成AIとして注目されている「Adobe Firefly（アドビファイヤーフライ）」です。本書では、以降、Adobe Fireflyを用いて事例を示していきます。

このAIは、学習段階で著作権フリーの素材を使っており、著作権の問題を気にすることなく利用できます。たとえば、ブログやWebサイトの挿絵、SNS投稿のイメージ画像など、様々な場面で役立つことでしょう。

Adobe Fireflyの利点

Adobe Fireflyは商用利用を前提とした画像生成AIです。具体的には、次のような特徴があります。

- **安全性**：著作権フリーの素材を学習データとして使用しているため、生成画像の商用利用に関するリスクが大幅に低減される
- **高品質**：40年以上、世界で広く利用されているAdobeの技術力を背景に、高品質な画像を生成できる
- **規約の明確さ**：利用規約が明確で、商用利用も許可されている

以上のような理由から、「Adobe Firefly」をAI画像生成のツールとしておすすめしています。Stable DiffusionやMidjourneyなどのようにリアルな人物や高品質画像が生成できるとは限りません。ただ、どの画像生成ＡＩも一長一短あり、用途や好みに合わせて使い分けることも必要です。

なお、どの画像生成AIにも共通する注意点として、どんなに著作権フリーの素材を用いて画像生成しても、他人の著作権や肖像権を侵害する画像ができる可能性は0ではありません。

実際に使用される際は、必ず他者の権利を侵害していないか確認されることをおすすめします。

著作権や商用利用については、第5章で解説しています。

1.3 画像生成AIの使い方を覚えよう

この節のポイント

- Adobe Fireflyを使うまでの準備
- Adobe Fireflyの登録方法
- Adobe Fireflyの利用規約や料金、商用利用について

●Adobe Fireflyとは

「Adobe Firefly（アドビ ファイヤーフライ）」とは、Adobe※5が開発したジェネレーティブAI（Generative Artificial Intelligence）※6を中心としたクリエイティブツールの一つです。ジェネレーティブAIとは、与えられたデータや指示に基づいて新しいデータやコンテンツを生成する技術を指します。主に画像生成やテキストエフェクトに特化した機能を提供し、クリエーターやデザイナーのクリエイティブな作業を支援します。

●Adobe Fireflyの特徴

Adobe Fireflyについての特徴は次のとおりです。なかでも特筆すべき点は、❹～❻です。これらによって、著作権の問題を回避しながら、高品質の

※5 Adobe
アメリカのカリフォルニア州に1982年に創業されたグラフィック処理に特化したソフトウェア企業です。その製品群には、Photoshopや、Illustratorがあります。世界中の企業や専門学校で広く利用されており、日本でもよく知られています。

※6 ジェネレーティブAI（Generative Artificial Intelligence）
生成AI（Generative AI）は、AI技術の一種で、データのパターンや関係性を学習し、それを活用して新たなコンテンツや情報を生成するための技術です。通常のAIは特定のタスクの自動化や予測が主な目的です。しかし、生成AIは構造化されていないデータセットから学習し、新たな内容を出力します。

画像を生成することができます。

❶ジェネレーティブAIの活用

Adobe Fireflyは、最先端のジェネレーティブAI技術を活用しています。これにより、クリエーターは手動でデザインを作成するだけでなく、AIに指示を出すことで自動的に作品を生成することが可能です。

❷簡便な指示

テキスト形式で指示文(プロンプト)を入力すると、画像生成ができます。

❸時間と労力の節約

これまでは、「こんなイラストが欲しい」と思ったときに、自分で創作する、または似たような素材を探し編集するなど、手作業が必要でした。画像生成AIを使うことで、アイデアは数秒〜数十秒で画像生成され、クリエーターはより創作活動に集中できるようになります。

❹著作権フリーコンテンツの利用

Adobe Fireflyが生成するコンテンツは、Adobeが提供する著作権フリーの素材(例: Adobe Stock※7)を使用して生成されます。これにより、商用利用が可能なコンテンツを容易に作成できるようになります。

❺クリエーターのツールとしての位置づけ

Adobc Fircflyは、クリエーター向けのツールとして位置づけられており、デザイナーやアーティスト、マーケターなど、幅広いクリエイティブ分野で活用されること想定しています。

※7 Adobe Stock
デザイナーやクリエーター、映像関係者などが利用する、高品質かつ厳選された数百万のロイヤリティーフリーなコンテンツを提供するサービスです。写真、イラスト、ベクター、ビデオ、オーディオ、テンプレート、無料素材、フォント、3D、生成など、多岐にわたるコンテンツが用意されています。(https://stock.adobe.com/jp)

❻アドビ製品との統合

既存のソフトウェア（例: Photoshop、Illustrator）との連携後、AI生成のコンテンツを簡単に取り込むことができるようになります。

● Adobe Fireflyの使用方法

まず、Adobe Fireflyの公式サイトを検索します。

URL https://firefly.adobe.com/

お使いの検索エンジンに「Adobe Firefly」と打ち込んでください。公式サイトが表示されます。クリックするとAdobe Fireflyの公式サイトのホーム画面が開きます。

▼図1-3-1 「Adobe Firefly」で検索する

続けて、Adobe Fireflyの登録方法をお伝えします。

まず、公式版ホーム画面の右上の「ログイン」ボタンを押してログイン作業を行います。

▼図1-3-2　ホーム画面

メールアドレス、Google、Facebook、Appleの4種類からログイン方法を選ぶことができます。今回はGoogleでログインしました。

▼図1-3-3　ログイン画面

▼図1-3-4　アカウントの選択画面

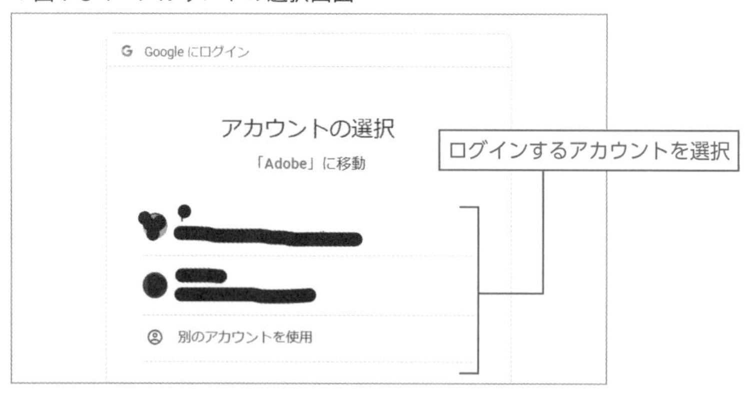

▼図1-3-5　アカウント登録が完了した画面

2023年10月現在、「テキストから画像生成」、「生成ぬりつぶし」、「テキスト効果」、「生成再配色」の4つの機能が使えます。その他は順次「3Dから画像生成」や「テキストからベクター生成」なども使えるようになる予定です。くわえて、Firefly Image 2 モデル（Beta）も発表されています。

▼図1-3-6　アカウント登録完了画面を下へスクロール

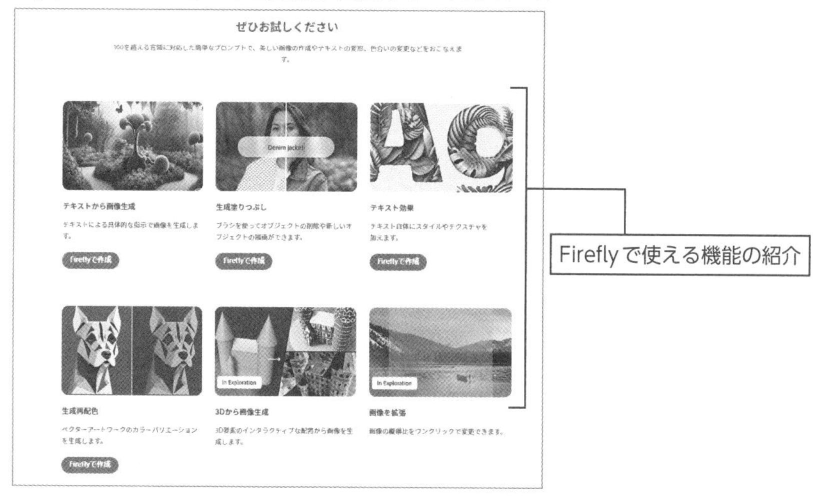

さらに下にスクロールすると、「無料」と「プレミアム」の2プランの案内があります。

今回は無料プランを使用しています。生成の質や使える機能の違いはありませんが、ひと月に生成できる画像の枚数が違ってきます。

▼図1-3-7　無料プランとプレミアムプランの案内

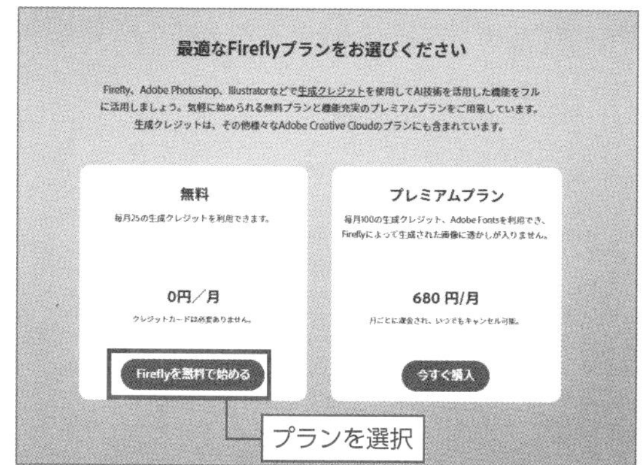

Column 日本語対応について

2023年7月12日、Adobe Firefly　Web版において、「100以上の言語へのテキストプロンプト入力の開始とユーザーインターフェイスを20か国語以上に拡大し、日本語をはじめ、フランス語、ドイツ語、スペイン語、ブラジルポルトガル語、ポルトガル語のバージョンの提供を開始した」と発表がありました。

8月以降、公式サイトのホーム画面を開くと日本語対応版が開きます。

7月の発表以前は英語でのプロンプト入力でしたが、8月以降は日本語でプロンプトを入力し、英語のプロンプトとそん色ない画像が生成できます。

ただし、高品質の画像を求めるあまり、複雑な単語を組み合わせすぎると求める画像が生成できない場合もあります。言語の違いよりも、プロンプトで生成結果に差がでるようです。本書を参考に、実践を繰り返してみてください。

▼図1-3-8　日本語対応の案内

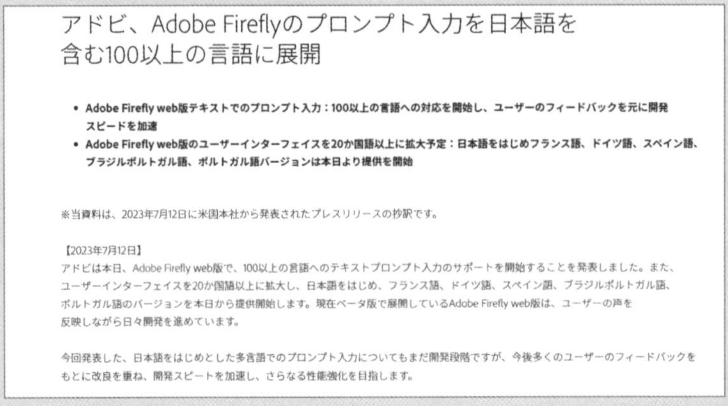

アドビ、Adobe Fireflyのプロンプト入力を日本語を
含む100以上の言語に展開

- **Adobe Firefly web版テキストでのプロンプト入力：100以上の言語への対応を開始し、ユーザーのフィードバックを元に開発スピードを加速**
- **Adobe Firefly web版のユーザーインターフェイスを20か国語以上に拡大予定：日本語をはじめフランス語、ドイツ語、スペイン語、ブラジルポルトガル語、ポルトガル語バージョンは本日より提供を開始**

※当資料は、2023年7月12日に米国本社から発表されたプレスリリースの抄訳です。

【2023年7月12日】
アドビは本日、Adobe Firefly web版で、100以上の言語へのテキストプロンプト入力のサポートを開始することを発表しました。また、ユーザーインターフェイスを20か国語以上に拡大し、日本語をはじめ、フランス語、ドイツ語、スペイン語、ブラジルポルトガル語、ポルトガル語のバージョンを本日から提供開始します。現在ベータ版で展開しているAdobe Firefly web版は、ユーザーの声を反映しながら日々開発を進めています。

今回発表した、日本語をはじめとした多言語でのプロンプト入力についてもまだ開発段階ですが、今後多くのユーザーのフィードバックをもとに改良を重ね、開発スピードを加速し、さらなる性能強化を目指します。

Adobe公式サイト

URL https://www.adobe.com/jp/news-room/news/202307/20230712_adobe-firefly-prompts.html

●Adobe Fireflyの利用条件・料金・商用利用について

「よくある質問の画面」の確認

図1-3-7をさらに下にスクロールすると「よくある質問」があります。実際に使用する前に一読することをおすすめします。

▼図1-3-9　よくある質問の画面

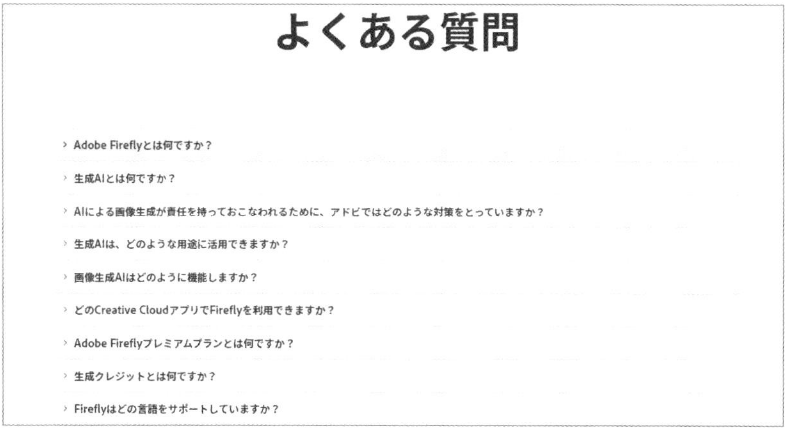

よくある質問

› Adobe Fireflyとは何ですか？
› 生成AIとは何ですか？
› AIによる画像生成が責任を持っておこなわれるために、アドビではどのような対策をとっていますか？
› 生成AIは、どのような用途に活用できますか？
› 画像生成AIはどのように機能しますか？
› どのCreative CloudアプリでFireflyを利用できますか？
› Adobe Fireflyプレミアムプランとは何ですか？
› 生成クレジットとは何ですか？
› Fireflyはどの言語をサポートしていますか？

「利用条件」の確認

図1-3-7の「無料プラン」をクリックすると、Adobe Fireflyのホームに移ります。さらにこのホーム画面を下へスクロールすると、「利用条件」と表示されたボタンが現れます。これをクリックすると利用条件を確認できます。著作権や商用利用などの記載もありますので、実際に使用される際は必ず目を通してください。

▼図1-3-10　Adobe Fireflyのホーム画面

▼図1-3-11　ホーム画面を一番下までスクロールした画面

▼図1-3-12　利用条件の記載

アドビ基本利用条件

2022 年 8 月 1 日公開、2022 年 9 月 19 日発効。
本基本利用条件は、以前のすべてのバージョンを置き換えます。

以下の第 14 条（紛争解決、集団代表訴訟件の放棄、仲裁合意）の強制的仲裁条項および集団代表訴訟権の放棄では、紛争の解決について定めています。以下の内容をよくお読みください。強制的仲裁条項（本条件が認める方法でオプトアウトしている場合を除く）および集団代表訴訟権の放棄を含む本条件（以下に定義）に同意しない場合は、本サービスまたは本ソフトウェアを使用しないでください。

本アドビ基本利用条件（以下「**本基本利用条件**」という）は、後述の第 1.2 条（追加条件）に定める該当の追加条件と共に（以下総称して「**本条件**」という）、当社の webサイト、web ベースのアプリケーションと製品、カスタマーサポート、ディスカッションフォーラムまたはその他のインタラクティブなエリアやサービス、および Creative Cloud などのサービス（以下総称して「本サービス」という）、ならびに当社が本サービスの一部として含めるソフトウェア（モバイルアプリケーションやデスクトップアプリケーションを含むがこれに限定されない）、本サンプルファイルや本コンテンツファイル（以下に定義）、スクリプト、命令セット、および関連ドキュメント（以下総称して「本ソフトウェア」という）のお客様による使用およびアクセスについて規定します。サブスクリプションおよびキャンセルに関する規約に同意した場合、当該規約も本条件の一部となります。お客様が、アドビのValue Incentive Plan（以下「VIP」という）プログラムを使用し、これにアクセスする場合、サブスクリプションおよび解約条件は適用されませんが、本条件の他の部分は、お客様による本サービスおよび本ソフトウェアの使用およびアクセスに適用されます。お客様が特定の本サービスおよび本ソフトウェアに関して、アドビとの間に別の契約を交わしていて、当該契約書が本条件と矛盾する場合は、当該別契約の条件が優先されます。

お客様は、本サービスまたは本ソフトウェアを使用することにより、本条件を締結できる法定年齢に達していること、またはそうでない場合、本条件の締結につき親または後見人の同意を得ていることを確認したものとみなされます。

▼図1-3-13　著作権や商用利用に関する記載

Adobe　アドビについて ⌄　法務　業界コンプライアンス　デジタルミレニアム著作権法（DMCA）　法執行機関からの要請　プライバシー

Home / 法務

4. お客様のコンテンツ

4.1コンテンツ 「本コンテンツ」とは、**お客様が本サービスおよび本ソフトウェアにアップロードし、読み込み、使用できるように埋め込み、または本サービスおよび本ソフトウェアを使用して作成するあらゆるテキスト、情報、コミュニケーション、または素材（例えば、オーディオファイル、ビデオファイル、電子文書、画像）を意味します。**当社は、お客様の本コンテンツのいずれかが本条件に違反していることが明らかになった場合に、当該本コンテンツを削除し、または本コンテンツ、本サービス、および本ソフトウェアへのアクセスを制限する権利を留保します。ただし、削除や制限を行う義務はありません。アドビは、本サービスおよび本ソフトウェアにアップロードされたすべての本コンテンツをレビューしているわけではありませんが、利用可能な技術や、ベンダー、プロセスを用いて、特定の種類の違法コンテンツ（児童ポルノなど）またはその他の不正なコンテンツや行為（スパムやフィッシング詐欺特有の行動パターン、成人向けコンテンツが成人向け領域の外に掲載されていることを示すキーワードなど）をスクリーニングすることができます。

4.2 **お客様の本コンテンツに対するライセンス** お客様は、当社に対し、本サービスおよび本ソフトウェアの運用または改善の目的に限り、本コンテンツの使用、複製、公開、配布、変更、二次的著作物の作成、公開、および翻訳を行うための非独占的、世界的、ロイヤリティフリー、サブライセンス可能なライセンスを付与するものとします。例えば、当社は、他のユーザーとの写真の共有など、本サービスおよび本ソフトウェアで意図された動作を実現するために、本コンテンツに対する当社の権利をサービスプロバイダーや他のユーザーにサブライセンスすることがあります。これとは別に、以下の第4.5条（フィードバック）では、お客様が当社に提供するフィードバックについて規定しています。

4.3**所有権**　お客様とアドビの間において、お客様は（ビジネスユーザーまたは個人ユーザーとして）お客様の本コンテンツについてすべての権利と所有権を保持します（または適宜、お客様または法人（該当する方）がコンテンツの有効なライセンスを有するよう確保する必要があります）。お客様の本コンテンツに対して、アドビはいかなる所有権も主張しません。

4.4お客様のコンテンツの共有

（A）**共有** 一部の本サービスおよび本ソフトウェアは、お客様がお客様の本コンテンツを他のユーザーと共有または公開するための機能を提供しています。「**共有**」とは、お客様が本サービスおよび本ソフトウェアを使用して、メール送信、投稿、伝送、ストリーミング、アップロードなどの方法で（アドビまたは他のユーザーに対して）利用を可能にすることを意味します。他のユーザーは、お客様の本コンテンツを多くの方法で使用、コピー、変更、または再共有することができます。お客様は、ご自身が共有する本コンテンツについて責任を負うため、共有または公開する対象を慎重に検討してください。

無料プランと有料プラン

無料プランとプレミアムプラン（680円/月：2023年10月現在）が提供されています。

違いは生成できるクレジットの上限です。無料プランは25クレジット/月、プレミアムプラン100クレジット/月となります（2023年10月現在）。

また、無料版の生成画像の左下には、Adobeのロゴが入ります。

なお、Adobe Fireflyの登録方法や表示画像、利用条件・料金・商用利用については、2023年10月1日現在のものになります。今後バージョンアップに伴い変更になる可能性もありますので、お使いの際は最新情報を確認ください。

Adobe公式サイト
URL https://www.adobe.com/jp/

1.4 画像生成をおこなってみる

この節のポイント

- Adobe Fireflyの使い方
- Adobe Fireflyのプロンプトを使った生成方法
- Adobe Fireflyのギャラリーからの生成方法

● Adobe Fireflyの使い方

ここからは、「テキストから画像生成」の使い方と、Adobe Fireflyに備わっているツールの使い方について簡単に紹介していきます。

「画像生成プロンプトとはこんな感じの使い方ですよ！」ということを理解してもらうために、まずは単純なプロンプトで事例を示していきます。

さらに高品質でオリジナリティのある画像の生成は、2.4節「書き方ガイド：画像生成AI プロンプトのコツ」や第3章で解説する「画像生成のプロンプトテクニック」などで後述していきます。

Adobe Fireflyのサイトから「Fireflyを無料で始める」ボタンを押して、その後、ログインしホーム画面を開きます。「次の機能をお試しください」と書かれた一覧から「テキストから画像生成」の「生成」ボタンをクリックして画面を開きます。

URL https://www.adobe.com/jp/sensei/generative-ai/firefly.html

▼図1-4-1　ログインし、ホーム画面を開いた画面

すると、他の人が生成した作品画像とプロンプト入力画面が開きます。

▼図1-4-2　他の人の作品画像とプロンプト入力画面

●Adobe Fireflyのプロンプトを使った生成方法

プロンプト（指示文）を入力して画像生成を行う方法を解説します。日本語対応していますので、日本語でプロンプトを入力します。

図1-4-2のプロンプトから画像生成する画面の下部にある、「生成したい画像の説明を入力してください」と書いてあるバーの中に、プロンプト（指示文）を入れて、「生成」ボタンをクリックすると、異なる4枚の画像を生成してくれます。

ただし、プロンプトの長さ（文字数）には注意が必要です。あまりにも短いプロンプトに対しては、生成はしてくれますが、警告文が出てきます。また、5文字以上の文字数が推奨されています。

例えば、「ねこ」とひらがな2文字でプロンプトを入力してみます。

▼図1-4-3　短いプロンプトに対する警告文

▼図1-4-4 「ねこ」とひらがな2文字を入力した場合の生成結果

今度は、5文字以上のプロンプトを入力してみます。

和室の縁側に座布団、座布団の上に丸くなってくつろぐ三毛猫

▼図1-4-5 5文字以上でプロンプトを入力

▼図1-4-6　5文字以上でプロンプトを入力した場合の生成結果

このような流れで、プロンプトの修正を行い、好みの画像ができるまで試行錯誤を繰り返すことになります。

●Adobe Fireflyのギャラリーからの生成方法

2023年10月現在、気に入った画像から新たな画像を生成する場合について解説します。

図1-4-7のギャラリー内に掲載されている画像から、気に入った画像にカーソルをあわせると、そのプロンプトが画像の上部に表示され、参考にすることができます。

▼図1-4-7　気に入った画像にカーソルをあわせた画面

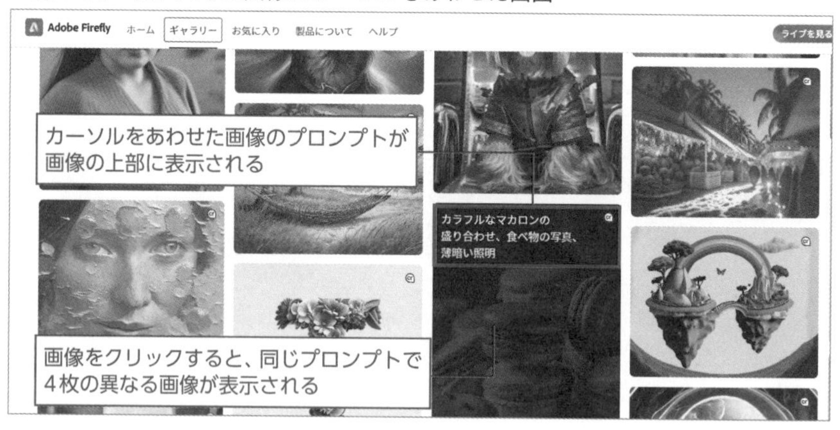

また、気に入った画像をクリックすると、参考にした画像と同じプロンプトで4枚の異なる画像が表示されます。

▼図1-4-8　画像を選択した画面

4枚の中から気に入った1枚を選びカーソルをあわせると、左上に「編集」ボタンが表示されますので、クリックすると図1-4-9のように編集できる項目が現れます。編集したい項目を選んで自分好みに編集することができます。

例として今回は、「生成塗りつぶし」を使ってみます。

▼図1-4-9 編集画面

今回は画像の右はしにある茶色いマカロンを消していきます。

▼図1-4-10 「生成塗りつぶし」を選択して開いた画面

画面向かって左はしの「挿入・削除・移動」のアイコンの中で「削除」をクリックします。その後消したい画像の場所をカーソルでなぞって、選択

していきます。選択後、画面下側の「削除」ボタンをクリックすると、画像の一部が削除された新たな画像が生成されます。

▼図1-4-11　削除したい特定の場所を選択

▼図1-4-12　削除された画像

「保持」ボタンをクリックすると成型した画像が保存されます。あとはさらに編集するか、右上の「ダウンロード」ボタンからダウンロードできます。

●サイドバーのメニューを使った編集方法

編集の方法は他にもあります。

例として、「眼鏡をかけた猫がテレビのリモコンを押している」という画像を作成します。

▼図1-4-13　眼鏡をかけた猫がテレビのリモコンを押している画像

生成した画像の右端に、スタイルをいろいろ変更できるサイドバーが表示されています。この機能を使って、イメージの異なる画像へ修正することが可能です。

「モデルバージョン」、「縦横比」、「コンテンツタイプ」、「スタイル」の4つが用意されています。

上から機能を説明していきます。

モデルバージョン

一番上の「モデルバージョン」は2023年10月現在、Firefly Image1とFirefly Image2（ベータ版）が使用できます。

今後、より高性能なモデルバージョンが登場し、さらにクリエイティブな画像が生成できる日が訪れるかもしれません。

切り替える際に、図1-4-14のような案内が出ます。Image1とImage 2 (Beta) では少し違いがあるようですので、実際に画像生成を行い比較していきます。まずはImage1です。

▼図1-4-14　モデルバージョンの案内画面

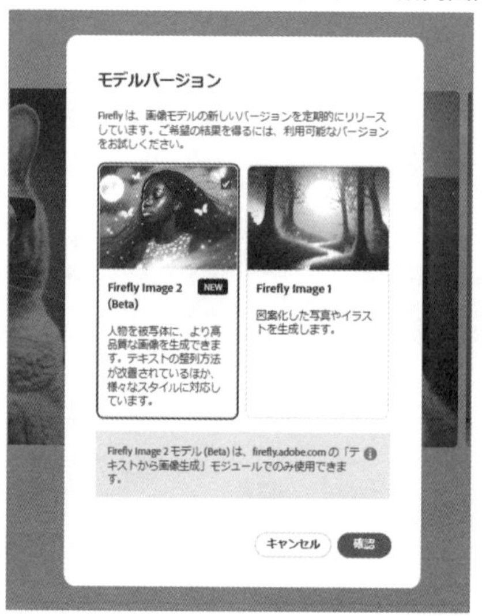

縦横比

縦横比は正方形だけでなく、横長、縦長、ワイドスクリーンと4種類の画像の比率を選ぶことができ、使用するコンテンツによって使い分けることができます。

▼図1-4-15　縦横比の変更

最初に1：1の正方形でつくりましたので、ワイドスクリーンへ変更して再度生成してみます。細長くなり、背景も加わり生成されています。

▼図1-4-16　縦横比を「ワイドスクリーン」に変更

コンテンツタイプ

「写真、グラフィック、アート、なし」の4種類があります。

図1-4-13は「写真」で生成していますので、同じプロンプトを使って「グラフィック、アート、なし」でそれぞれ生成してみます。

少しずつ画像の雰囲気が変わっています。

▼図1-4-17　コンテンツタイプ「グラフィック」で生成

▼図1-4-18　コンテンツタイプ「アート」で生成

▼図1-4-19　コンテンツタイプ「なし」で生成

スタイル

「すべて、人気、流行、テーマ、テクニック、効果、マテリアル、コンセプト」などがあり、さらに、下の気球の絵から複数選ぶことができます。

例えば、スタイルは「人気」を選択し、「生物発光」「ボケ効果」「色の爆発」をチェックのうえ、選択することもできます。

▼図1-4-20 スタイルを変更

「カラートーン」「ライト」「合成」

スタイルには、他にも色を変えたり、ライトの種類を変えたり、合成する機能があります。下向きの矢印マークをクリックすると、リストが表示されます。好きなリストを選んでクリックすると右横にチェックマークが入ります。また、選択したスタイルはプロンプト入力バーに表示されます。

例えば、カラートーンを「白黒」、ライトを「スタジオ照明」、合成を「表面のディテール」で生成してみました。

▼図1-4-21　変更した生成結果

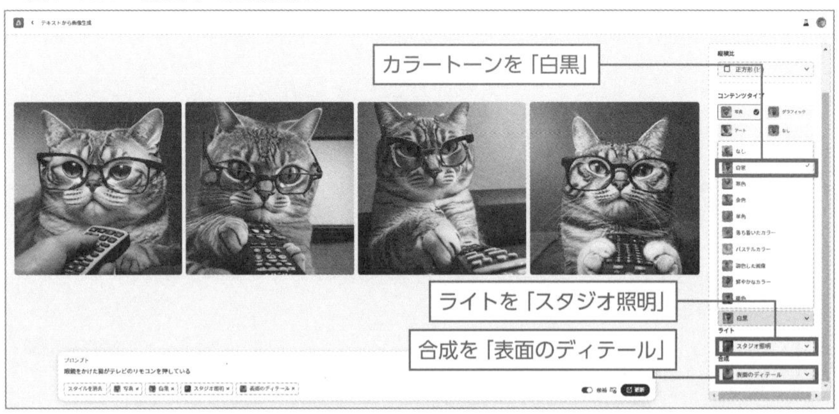

以上がImage1の使い方になります。使用するコンテンツやイメージに合わせて、いろいろな組み合わせを試してみてください。

次に、Image 2（ベータ版）の画面を見てみましょう。

Image 2（ベータ版）には、「モデルバージョン」、「縦横比」、「コンテンツタイプ」、「スタイル」、「効果」、「写真設定」の6つが用意されています。

モデルバージョンとコンテンツタイプ、縦横比に関してはImage1の説明と同様です。ただし、コンテンツタイプは「写真」と「アート」の2種類になっています。

事例を出しながら機能を説明していきます。

コンテンツタイプ

モデルバージョンを切り替えて、コンテンツタイプを「写真」、プロンプトは同じく「眼鏡をかけた猫がテレビのリモコンを押している」を使って生成します。

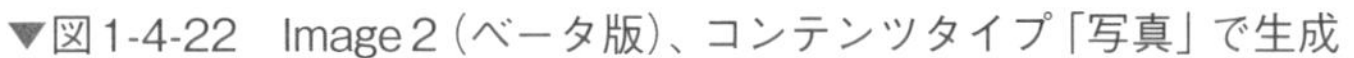

▼図1-4-22　Image 2（ベータ版）、コンテンツタイプ「写真」で生成

続けて、コンテンツタイプを「アート」へ変更し再度生成してみます。

▼図1-4-23　コンテンツタイプを「アート」へ変更し生成

好みはあると思いますが、Image1に比べると、コンテンツタイプ「写真」はより、リアルな猫らしく、「アート」はよりイラストのような雰囲気に生成されたと思います。

Image1同様に、生成した画像の右端にスタイルをいろいろ変更できるサイドバーが表示されています。

コンテンツタイプは「写真」と「アート」の２種類ですが、その下に「視覚的な適用量」が加わっています。右端にある「iのようなマーク」にカーソルをあわせると、その説明が書いてあります。

以下同じく、スタイルの下にある「強度」や「一致」にも説明が出てきます。

簡単にいうと、どれくらい参照したスタイルや効果を元の画像に反映させるかということです。事例をみながら確認してみましょう。

▼図1-4-24　サイドバーの機能説明

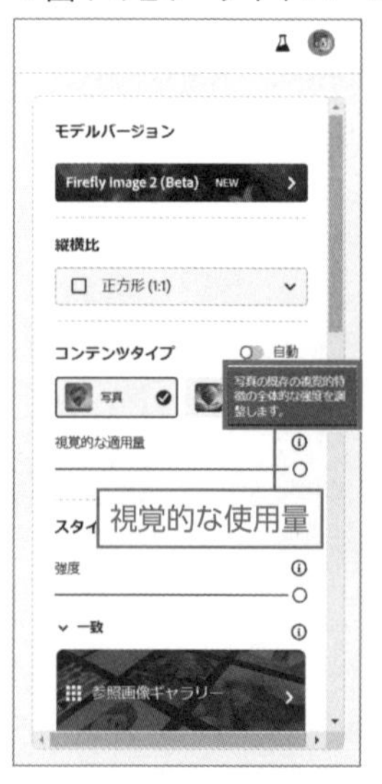

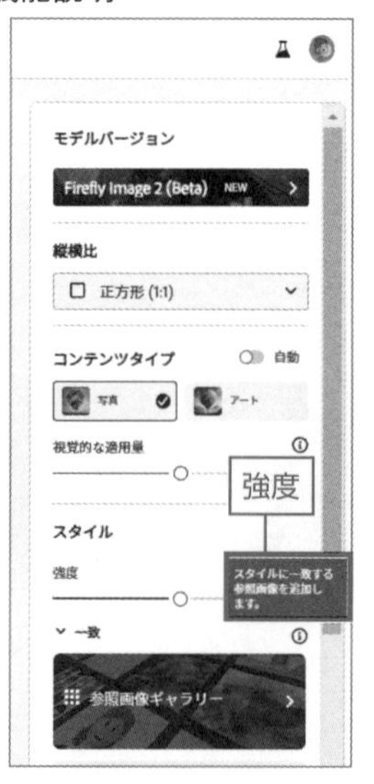

コンテンツタイプの「視覚的な適用量」は初期設定で「中央」にセットされています。そこでコンテンツタイプの視覚的な適用量を「最強」にして生成した画像と、「最弱」にして生成した画像を比べてみました。

▼図1-4-25　視覚的適用量を「最強」にした画像

▼図1-4-26　視覚的適用量を「最弱」にした画像

生成した画像をみると、視覚的適用量が強いほど、幻想的な感じに仕上がるようです。お好みで調整して、イメージに近い画像に仕上げてください。

スタイル

「強度」の初期設定は中央になっています。これは、後述する「一致」の中にある参照ギャラリーや自分でアップロードした写真やイラストの特徴を作成する画像に反映させます。その強弱を調整する機能です。

一致

追加機能として、画像をアップロードして、それをもとにプロンプトを修正、再度生成することができるようになりました。

生成した画像の右端にあるサイドバーに、「参照ギャラリー」という項目があります。ここをクリックすると、参照できる画像のスタイルが開きます。

スタイルの強度は初期設定のまま「中央」にしています。

▼図1-4-27 「参照ギャラリー」をクリック

好きな画像効果を1つクリックすると、チェックマークがつき、プロンプト入力バーにも図1-4-28のように、選んだスタイルが表示されます。その状態で「生成」を押すと、新たなスタイルを参照した画像が生成されます。

▼図1-4-28　参照ギャラリーで生成した画像

さらに、参照ギャラリーのスタイルはそのまま、強度を「最強」にして生成してみると、より参照したスタイルの特徴が出ています。

▼図1-4-29　スタイルの強度を変更した画像

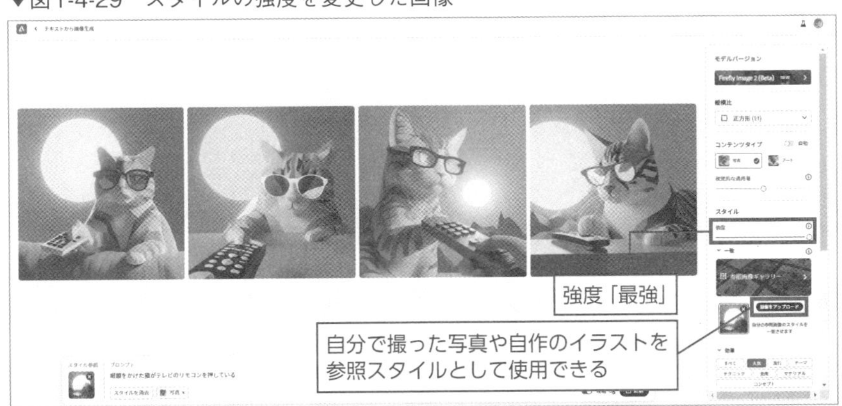

図1-4-29のサイドバーに「画像をアップロード」という機能がついています。これは、自分で撮った写真や自分で描いたイラストをアップロードして、同様に参照スタイルとして使用できる機能です。

効果

Image1で説明したスタイルの機能が「効果」と名前を変えて同様の機能を使用できます。

写真設定

こちらも追加機能で、クリックして開くと、「絞り、シャッタースピード、視野」の調整ができる機能がついています。

この写真設定は、コンテンツタイプに連動しており、「写真」を選ぶと表示されます。

絞りとシャッタースピードを最強にし、視野をワイドに設定して、あらためて画像生成してみました。

▼図1-4-30　写真設定で調整した画像

以上が、2023年10月22日現在のAdobe Fireflyの使い方になります。

変化が多いタイミングのため、日も記載しました。実際使用されるときには、新たな機能が追加され、仕様が異なる可能性もありますのでご了承ください。

この節では、簡単なプロンプトで画像を生成し、気に入った画像から新たな画像を生成できる方法をご紹介しました。

これでも十分に綺麗な画像やユニークな画像が生成できましたが、さらに、高品質で理想の画像を作るためのプロンプトを以降で解説していきます。

Column ギャラリー機能

プロンプト入力画面（図1-4-2）にも、いろいろな方が生成した画像が並んでいました。

ホームタブの隣にあるギャラリータブをクリックすると、図1-4-31のように、さらに多くの作品が閲覧でき、プロンプトを参考にできます。もちろん、同じプロンプトを試すこともできます。どれもレベルの高い作品ばかり、是非、お時間のある時にはギャラリーを眺めて、お気に入りを探してみてください。あなたの参考にできる画像のWebライティング（プロンプト）がみつかるかもしれませんね。

▼図1-4-31　ギャラリー

1.5 本書の目的と構成

この節のポイント

- 本書の目的とは
- 本書の構成

●本書の構成

まず第1章では、AIとWebライティングの関係性、そして代表的な画像生成AIの紹介や基本的使い方を紹介しました。

第2章では、AIを活用した画像生成に焦点を当てます。簡単かつ高品質なグラフィックデザインを作成するための指示文、すなわち画像生成AIのプロンプトの基本や型を説明していきます。この章を読んでいただくことにより、手間をかけずに魅力的かつオリジナリティの高いビジュアルコンテンツを作成できるようになります。

第3章では、より深く画像生成AIプロンプトの作り方を解説します。プロンプトの意味や役割、プロンプト作成に必要な要素など基本をより深く解説し、応用できるレベルを目指します。また、よりクオリティの高い画像を生成するための高度なプロンプトにも触れていきます。ここをマスターすることで、様々なタイプのプロンプトを使いこなし、自分の文章をより磨き上げて生成の質を上げる方法を学ぶことができます。

第4章では、画像生成AIを使った実践的Webライティングのコツと Web媒体での活用法を解説します。Webライティングと画像生成AIによる相乗効果を学び、SNSやWeb広告への活用方法やブランディング戦略に活かしていきます。

さらに、読み手の注意を引きつけるためのテクニックを習得し、AIを活用して最適な情報を提供する方法も掲載しています。

第5章では、商用利用について解説し、著作権やライセンスに関する注意事項をお伝えします。

本書を通じて、AIを活用した画像生成Webライティング（プロンプト）の基礎を習得し、効果的なコンテンツ作成スキルを身につけることができます。AIの力を借りてより効率的かつ魅力的なコンテンツを生み出し、是非、あなたの表現力を向上させることを目指してください。

第 2 章

AI画像生成の基本を学ぶ：型、形式、描き方ガイド

プロンプト力は画像生成結果を変える

2.1 画像生成AIの基本的な仕組み

この節のポイント

- 画像生成の基本的な仕組み
- より高品質でリアルな画像が生成できる仕組み

●画像生成AIの仕組みについて：学習段階と生成段階

画像生成AIは、大量の画像データを学習し、そのパターンを理解して新たな画像を生成するシステムです。AIは、これらの画像データから色、形、テクスチャなどの特徴を抽出し、それらを組み合わせてまったく新しい画像を創造します。

画像生成AIがどのようにして画像を生成しているのか、その基本的な仕組みについて解説していきます。

画像生成AIには、学習段階と生成段階の2つの工程が存在します。

●【1】学習段階

膨大な画像データをもとに、AIは特定の特徴やパターンを学び取ります。以下にステップごとに詳しく解説します

❶データの収集

まず、AIは多様な種類の画像データを収集します。これらのデータは、著作権があるものでもないものでも、さまざまなカテゴリーやスタイルを持つものです。例えば、風景写真、アニメキャラクター、動物の写真などが考えられます。

❷データの整理

収集したデータを整理し、学習用のデータセットを作成します。このデータセットには、AIが学習するための画像が含まれています。例えば、100,000枚の様々な風景写真からなるデータセットを作成することができます。

❸学習プログラムへの入力

学習用データセットを特別なプログラムに入力します。このプログラムは、AIモデルを訓練する役割を果たします。AIは、データセット内の画像から特徴を抽出し、パターンやスタイルを学びます。

❹モデルの訓練

AIモデルは、学習プログラムを通じて、データセットの画像を解析し、新しい画像を生成する方法を学びます。これは、画像の特徴、色彩、構造などの要素に関する知識を蓄積するプロセスです。モデルは、何度もデータセットを見直し、調整しながら訓練されます。

●【2】生成段階

学び取った情報をもとに、新しい画像を生成します。画像の生成段階の基本的な仕組みは以下のようになります。

❶学習済みモデルの利用

学習段階で訓練されたAIモデルを活用します。このモデルは、多くの画像から学んだ知識とスキルを持っています。

❷プロンプトの指示

生成したい画像に関する指示をプロンプトとして提供します。プロンプトは、AIに対して何を生成するかの指針を与える重要な要素です。プロンプトは、テキストやイラスト、キーワードなどの形式で提供できます。

❸生成プロセス

AIモデルは、与えられたプロンプトに基づいて新しい画像を生成します。AIは、学習段階で学んだ画像の特徴やスタイルを考慮しながら、指示に応じた画像を生成します。具体的なプロンプトに従って、異なるテーマやスタイルの画像を作成できます。

❹生成結果の評価

生成結果が満足できる場合はそれを利用できます。しかし、満足できない場合、プロンプトを変更して再試行することができます。

❺フィードバックループ

生成結果に満足が得られない場合、プロンプトの微調整や追加の指示を試行して、より望ましい結果を得るためのフィードバックループが行われることがあります。これにより、AIモデルは継続的に改善されます。

このように、AIは学習段階で獲得した知識をもとに、プロンプトに従って新しい画像を生成します。

そのため、学習データの質が、生成された画像の質やそれを利用する場合に影響を与えることがあるのです。

▼図2-1-1　画像生成AIの仕組み：学習段階と生成段階

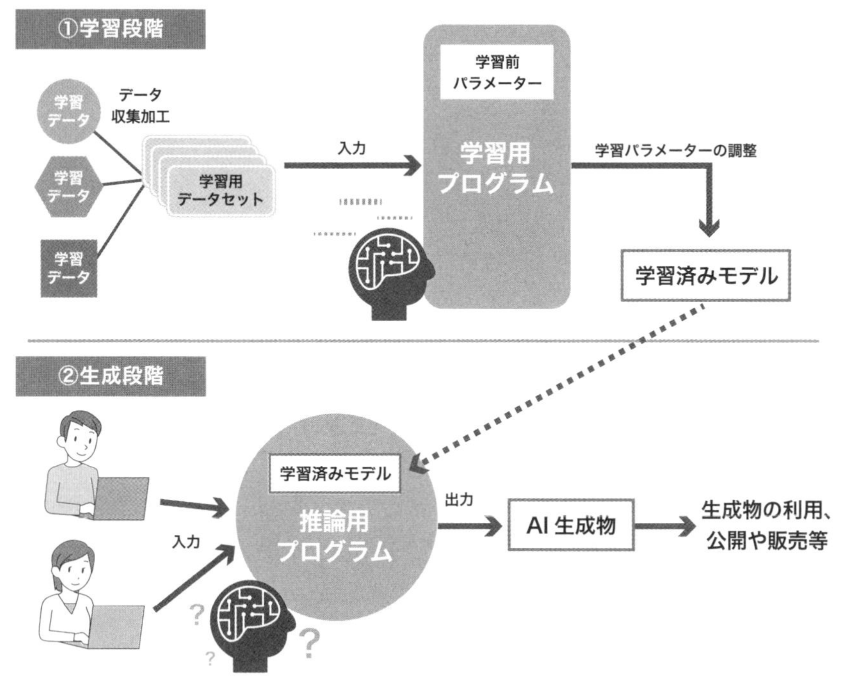

2.2 画像生成の種類と方法

この節のポイント

- 画像から画像を生成
- テキストから画像を生成

●画像生成の方法

画像を生成する場合の代表的な方法をご説明します。大きく2つの方法があります。

- もとになる画像を読み込ませて生成する方法
- プロンプト（指示文）を入力して生成する方法

●もとになる画像を読み込ませて生成する方法

AIに元画像を学習させることで、新しい画像を生成する際の基盤となる情報を提供します。

具体例として、Stable Diffusionをあげてご説明します。Stable Diffusionは、提供された元画像から特徴やスタイルを学習し、その情報を新しい画像の生成に活用します。

例えば、自分の描いたイラストや自分の写真を提供すると、Stable Diffusionはそのスタイルを理解し、同じスタイルの新しい画像を生成することが可能です。

同じテイスト、同じ画風を残しつつ、違うポーズや動きの複数枚の画像が欲しい場合に活用できます。例えば、ホームページなど画像や色に統一性を持たせたい場合に便利です。

画像生成AIは、元画像からの情報を利用するため、ユーザーが具体的なスタイルや要素を指定することなく、新しい画像を生成することができます。そのため視覚的に、より直感的にイメージを具現化することができます。

▼図2-2-1　画像を読み込み新たな画像を生成

●テキスト（プロンプト）を入力する方法

テキスト（プロンプト）を入力して画像を生成する方法では、AIに対してプロンプトを提供し、AIがその指示に基づいて画像を生成します。

Adobe Fireflyで事例を示していきます。ユーザーが「青い空に飛ぶペンギン、イラスト」といったテキスト形式のプロンプトを提供すると、AIはその指示に従い、「青い空に飛ぶペンギンのイラスト」を生成します。このようなプロンプトを通じて、ユーザーは自分のアイデアやイメージをAIに伝え、それを具現化することが可能です。

プロンプトを使用した画像生成の方法は、アート、デザイン、クリエイティブなど、表現の手段として広く活用されており、AI技術の進化によりますます多彩なコンテンツが生み出されています。

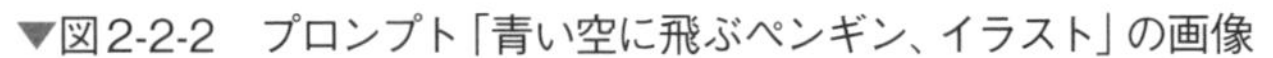
▼図2-2-2　プロンプト「青い空に飛ぶペンギン、イラスト」の画像

これらの2つの方法は、どちらもユーザーの思いを具現化するための有用なツールとなっていますが、まずはプロンプト（指示文）を入力して生成する方法をおすすめします。なぜなら、記事の内容にあったアイデアやイメージを一から構築できるからです。

次節からは「プロンプト（指示文）」の役割や基本ルールを説明します。

2.3 書き方ガイド：プロンプトの基本ルール

この節のポイント

- プロンプトは具体的で明確に
- 冗長な表現を避ける
- プロンプトは生成される画像の詳細やスタイルを指定するための重要な手段

●プロンプトの概要

画像生成AIの能力を最大限に引き出すためには、「プロンプト（指示文）」の技術が非常に重要です。生成される画像の質や内容は、プロンプトの書き方に大きく左右されます。

このことから、ただプロンプトを入力するだけでなく、その基本的なルールや技術を理解することが重要です。特に、微細なプロンプトの違いで生成結果が大きく変わることが多いので、自分の理想とする画像を具現化するためには、プロンプトの基本知識を習得するとともに、それを応用するスキルも求められます。

日々進化する画像AIは、短い単純なプロンプトでもそれなりの画像を生成してくれますが、必ずしも意図を汲んで画像生成するわけではありません。自分がイメージした理想の画像を生成するには、細かな情報を画像生成AIに与える必要があります。どのような情報をプロンプトに入力するのかについては、一定の「型」を覚えてしまえば、後はケースバイケースで追加・修正することで、理想の画像に近づきます。

そのための基本ルールとテクニックについて詳しく解説していきます。

●プロンプトの基本的なルール

プロンプトとは、AIに対する指示や要求を表現するための言葉やフレーズです。これによりユーザーの要望に合わせた画像を生成します。

画像生成の結果は、このプロンプトの記述に依存しており、品質にも大きく影響します。

以下にプロンプトの基本ルールを7つご紹介します。

❶明確性

プロンプトは具体的で明確にしましょう。AIは抽象的な指示よりも具体的な指示をより適切に処理する能力があります。

> **例：**「犬」よりも「シベリアンハスキーの子犬」

▼図2-3-1　明確性による違い

犬

シベリアンハスキーの子犬

❷簡潔性

無駄な言葉は省き、必要最低限の情報にしましょう。

> **例**：「太陽はゆっくり沈みかけ、明るい日の終わりの夕焼けの背後の海岸線は穏やかで静かで安心する」よりも「夕焼け、背後に広がる海岸線」

▼図2-3-2　簡潔性による違い

太陽はゆっくり沈みかけ、明るい日の終わりの夕焼けの背後の海岸線は穏やかで静かで安心する

夕焼け、背後に広がる海岸線

2つのプロンプトを比べると、より簡潔なプロンプト（後者）で生成した画像でも十分クオリティ高い画像が生成されました。長く複雑なプロンプトを考える労力が省けます。

また、冗長な表現を追加することで、プロンプトが複雑になり、AIが意図した結果を生成するのが難しくなる可能性があります。

❸避けるべき言葉

抽象的、主観的な言葉や感情を伝える言葉は結果を不確定にする可能性があります。また、スペルミスや文法の間違い、漢字の誤用も注意しましょう。

例：「きれいな花」よりも「赤く艶のある大きなバラの花」

「きれいな花」の「きれいな」の部分は抽象的で主観的な言葉です。「赤く艶のある大きなバラの花」などの自分が思うきれいな花のイメージを具体的な単語を用いて表現しましょう。

▼図2-3-3　抽象的な言葉と具体的な言葉による違い

きれいな花

赤く艶のある大きなバラの花

❹順番・配列の明確化

複数の要素やシーンがある場合、順序を明確に指定しましょう。

例：「前景にリンゴ、背景に山」

▼図2-3-4　順番・配列の明確化の例

❺カラー指定

色の要望がある場合は、明確にカラーを指定しましょう。

例：「青空の下で黄色いヒマワリ」

▼図2-3-5　カラー指定の例

❻形式やスタイルの指定

生成される画像のスタイルや形式を指定する場合は、○○風などと明記しましょう。

> **例：**「アニメ風の魔法使い」「油絵風の田園風景」

▼図2-3-6　スタイル指定の例

アニメ風の魔法使い

油絵風の田園風景

今回比較のためにスタイル（コンテンツスタイル）を「なし」で統一し、プロンプトの違いで「アニメ風」や「油絵風」と指示し画像を生成しました。

しかし、油絵風の画像の質が納得できなかったため、いろいろ試してみました。

コンテンツスタイルを「写真」へ変更し、同じプロンプト「田園風景、油絵風」と指示すると、イメージしていた画像が生成されました。

▼図2-3-7　コンテンツスタイルを写真にした上で、油絵風の指示を出した画像

写真のリアリティをベースに画風を変えるという方法もあるのかと、試してみて気が付きました。

どの組み合わせが上手く行くのかは試してみないとわかりませんが、画像の質を上げるポイントの一つとして活用してください。

❼言語の選択

多くの画像生成AIは英語のプロンプトの方が正確に反応する傾向があります。日本語のプロンプトで期待した結果が得られない場合、英語に翻訳して入力してみるとよいでしょう。翻訳には、DeepLなどの機能を使うと簡単です。

例：「桜の木の下でピクニック」→「Picnic under the cherry blossom tree」

なお、日本語対応している画像生成AI、例えば本書で紹介した「Adobe Firefly」や「Canva」、「SeaArtAI」は日本語のプロンプト入力できちんと反応してくれます。

これらの基本ルールを押さえることで、AIによる画像生成をより効果的に利用することができるでしょう。AIはあくまでサポートツールです。出てくる結果は、指示（プロンプト）次第であり、最終的には、あなたのアイデアや発想が一番大切です。初めての利用でも、自分の思いをしっかりAIに伝えて、イメージした結果を得られるよう試してみましょう。

2.4 書き方ガイド：画像生成AIプロンプトのコツ

この節のポイント

- ▶ 生成される画像に深みを与える
- ▶ 季節感や時間帯にあった画像の生成
- ▶ AIに重視したいポイントを伝える

●プロンプト記述のコツ

2.3節で解説したプロンプトの基本ルールを踏まえて、プロンプトの記述のコツについて、もう少し詳しくそのポイントを7つ解説します。

❶感情や雰囲気の表現を追加する

AIに感情や雰囲気を組み込むことは、画像生成において非常に重要です。これにより、より深みのある画像が生成されます。

例：「温かい雰囲気のカフェ」

▼図2-4-1　感情や雰囲気を組み入れたプロンプト例

❷具体的な時期やシチュエーションを記載する

時期やシチュエーションを明確にすることで、季節感や時間帯に合わせた画像を得られます。

> **例：**「秋の夕方の公園」

▼図2-4-2　時期やシチュエーションの例

❸複数の要素を組み合わせる

一風変わった組み合わせは、AIが得意とする分野です。正反対やあり得ない要素を組み合わせることがポイントです。

> **例：**「宇宙空間に浮かぶ金魚」

▼図2-4-3　複数の要素を合わせた例

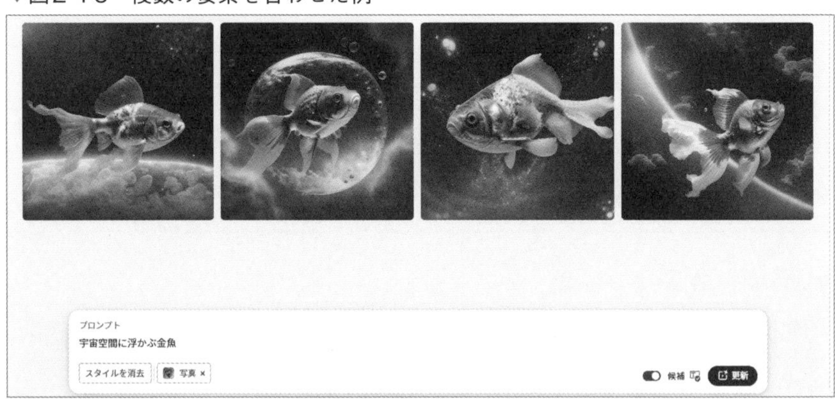

❹動作やアクションを具体的に示す

動的な要素を加えることで、動きのある生き生きとした画像が生成される可能性が高まります。

例：「草原を走る猫」

▼図2-4-4　動的な要素を加えた例

❺色の濃淡や質感を具体的に指定する

質感や特定の色のニュアンスを求めることで、よりリアルなもしくは特定の質感を持つ画像を得られます。

例：「サテンのような光沢を持つ赤いリンゴ」

▼図2-4-5　特定の色や質感を指定した例

❻画像をどのように生成するか指示する

事例では、猫の特定の特徴（茶色の毛と青い目）を強調しています。とくに目の部分に焦点を当てて、AIに画像を生成させる指示で、目の魅力を最大限に引き出した画像が得られることが期待できます。

例：「茶色の毛をした青い目のシマ猫、目を最大限に見開く」

▼図2-4-6　茶色の毛をした青い目のシマ猫の画像

▼図2-4-7　目をとくに強調した画像

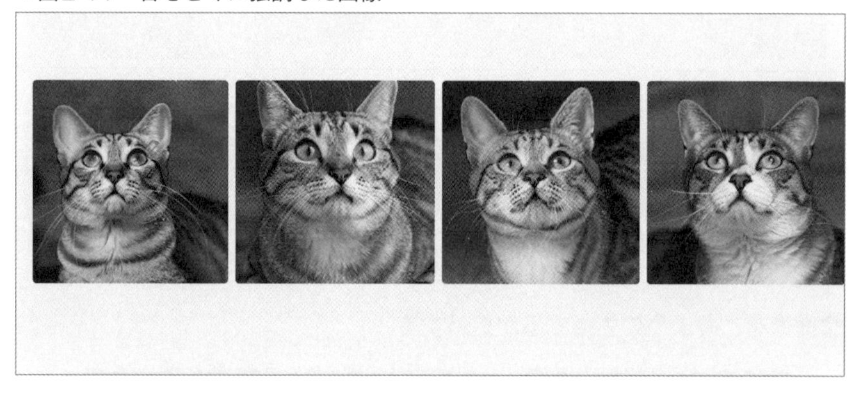

どの画像も指示通り、しっかり目を見開き、目を強調してくれました。

画像生成AIが思い通りの画像を生成してくれるか否かのカギは、プロンプトの記述にあり、その内容が結果のクオリティに大きく影響します。また、色々試してみることで、期待する画像をAIが生成する可能性が高くなります。

第3章

画像生成のプロンプトテクニック

生成結果に活かすプロンプトとは？

3.1 画像生成AIの得意分野と不得意分野

この節のポイント

- 画像生成AIの得意分野を理解する
- 画像生成AIの不得意分野を理解する

●得意分野について

以下に、画像生成AIが得意とする作業やコンテンツをご紹介します。

スタイル変換

ある画像を特定のスタイル（例：19世紀印象派の絵画スタイル）に変換する技術。これは特にアートの領域で人気があります。

風景画像

現実の風景を再現するだけでなく、ユーザーのテキストの指示に従って非現実的な風景画像を生成することも可能です。

人物画像

過去の技術では難しいとされていた、人物の表情や状態を生成する能力も高まっています。特に、特定の属性や特徴（例：「笑顔の男性」や「長髪の女性」）を持つ人物の生成が得意です。

物体生成

特定の物体やアイテム（例：家具、食べ物、動物など）を生成することもできます。

画像編集

既存の画像の一部を修正したり、要素を追加・削除したりする作業も得意です。例として、写真の背景を別の風景に変更する、特定の物体を写真から取り除くなどの編集が考えられます。

解像度向上

低解像度の画像を高解像度に変換する技術も進化しています。古い写真やビデオのクオリティを向上させるのに役立ちます。

アニメーションと動画

静止画だけでなく、動的なコンテンツの生成にも利用されることが増えています。短いアニメーションクリップや動画の一部を自動生成することができます。

3Dモデリング

2Dの画像から3Dのモデルを生成する能力も持っています。これは特にゲーム開発やVR/ARのコンテンツ作成に役立っています。

このように、画像生成AIの得意分野は多岐にわたり、ますます活用が進むでしょう。タスクやニーズに応じて適切な手法を選択することが重要です。

●画像生成AIの不得意分野

次に、画像生成AIの不得意分野を紹介します。

実は2023年10月現在、画像生成AIのほとんどが、人物の全体像や腕、指の細かい生成はあまり得意ではありません。

その理由として考えられるのは、人間の基本的な概念や常識の欠如、複雑な形状や可動範囲の認識の不足、そして高解像度の要求に伴う計算コストの問題などがあげられます。これらの課題が組み合わさることで、AIが手や指を自然に再現するのが難しくなっています。

以下にもう少し詳しく説明していきます。

❶前提知識の欠如

AIには「手には指が5本ある」という人間の基本概念が存在しません。また、一つの角度からしか学習していない場合、手や指の全体像を理解し再生することはできません。これにより、人間が持つ基本的な認識、つまり「人間の手には5本の指があり、長さや比率が決まっている」といった認識に基づいた生成が困難となります。

❷複雑な形状の特性

指は多関節であり、様々な角度や重なりを持ちます。これがAIにおいて特徴を正確に数値化するのを難しくしています。

❸可動範囲の認識の不足

AIは関節の可動範囲という概念を持たず、そのため関節が不自然に曲がるような描写が生じることがあります。

❹詳細なレンダリングの難しさ

手の細部、特に皺や関節、爪の光沢などを正確に再現するための高度な技術が必要です。そして、現在のAI技術では、完璧な再現は難しいようです。

❺人間の高い期待値

人は、優れた目や脳の機能や今までの経験や知識により、手や指の微妙な違いを瞬時に捉えることができます。AIが生成したものが少しでも人間の期待から外れると、それが「不自然」と感じられます。

❻特化モデルの限界

手や指に特化したモデルは存在するものの、そのモデルを使うと他の部分の生成に乖離が生じるリスクがあります。

❼データセットの不完全性

描写を正確にするためには十分な学習データが必要ですが、手や指の細部を詳細にカバーするデータが不足している場合、正確な生成は難しくなります。

❽データセットの偏り

人物の顔などの特定部分に焦点を当てたデータが多い場合、他の部分の生成能力が低下することがあります。

❾高解像度とのトレードオフ

高い解像度の画像生成は計算コストが高く、そのためAIは大まかな特徴に焦点を絞ることが多くなります。

❿理解の限界

AIは画像のピクセル情報を元に生成を行いますが、その背後の意味や文化的背景までは理解していません。与えられたデータのみが生成するための材料となります。

これらの理由により、現在の画像生成AIは指や腕の生成において、まだまだ不得意な面が多く存在しています。

▼図3-1-1　AIの不得意分野　複数の指、曲がった腕

3.2

ネガティブプロンプトを使って効果的な表現をマスターする

この節のポイント

- ネガティブプロンプトとは？
- 具体的なプロンプトとネガティブプロンプトの具体例とは？
- ネガティブプロンプトの必要性と使用できない場合について

●ネガティブプロンプトの概要

これまで、画像生成AIに生成してほしい画像の詳細を指定するプロンプトについて紹介してきましたが、この節では、不得意分野である指や腕の生成の一つの解決策として、ネガティブプロンプトをご紹介します。

ネガティブプロンプトは、生成してほしくない画像の指示文を書くと、AIは指定した物体やシーンを画像から除外し生成するというものです。

代表例として、Stable DiffusionやMidjourney、Leonardo.Aiなどの画像生成AIで採用されています。

ネガティブプロンプトは、画像生成AIにおいて、欲しくない要素や特性を明示的に排除するための指示手段として活用されています。

このテクニックは、生成する画像の質やディテールを微調整し、期待する出力に近づけるための鍵となります。「何を含めないか」をAIに伝えることに特化しており、これによってユーザーはAIに具体的な制約を課すことができます。

これを適切に使用することで、無数の可能性の中から自分の理想に近い画像を生成することができるでしょう。

▼図3-2-1　Leonardo.Aiのネガティブプロンプト入力箇所

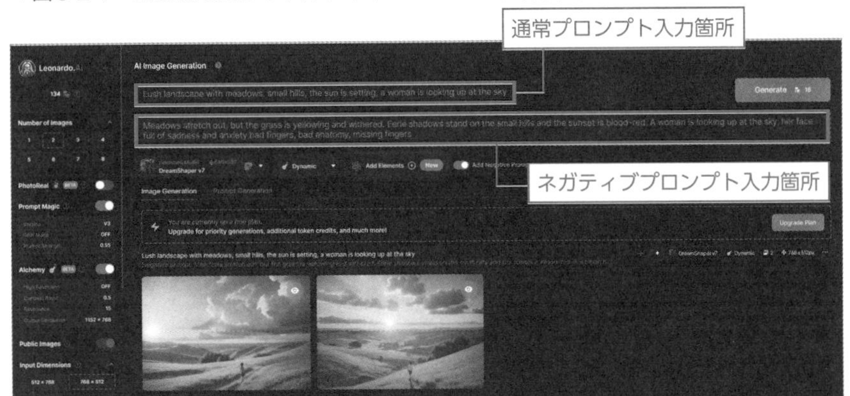

ただし、画像生成AIによっては、ネガティブプロンプトを入力する枠がないものや、ネガティブプロンプトを入れたとしてもイメージ通りの画像が生成できない場合もあります。

各ツールの性能や学習データの違いが大きいのですが、AIはどんどん進化し続けているので、不得意分野も近い将来、克服するのではないかと予想しています。

●ネガティブプロンプトの具体例

それぞれのプロンプトに対するネガティブプロンプトについて次のように事例を示していきます。

❶かわいい少女が手を振っている

プロンプト：「かわいい少女が手を振っている」
ネガティブプロンプト：「手が大きい、不自然な指の形、手が画像の中心になる」

これは、ネガティブプロンプトによりAIに大きな手や不自然な指を避けて生成するよう指示しています。また、手が画像の中心に配置されるのも避けるよう指示しています。

❷三毛のかわいい子猫

プロンプト：「三毛のかわいい子猫」
ネガティブプロンプト：「黒い背景、大きな傷、目が閉じている」

こちらのネガティブプロンプトは、子猫が黒い背景に映ること、大きな傷があること、目が閉じている姿を生成しないように指示しています。

❸モネ風の田園風景

プロンプト：「モネ風の田園風景画」
ネガティブプロンプト：「都市のスカイライン、明るい赤色、現代的な建物」

モネの風景画は、自然の風景や印象派の特徴を持つものが多いので、都市のスカイラインや明るい赤色、現代の建物を含む絵を避けるための指示をしています。

ネガティブプロンプトは、特定の要素を排除したい場合や、期待する結果に近づけるために使用されます。

これらはほんの一例です。他にも、ネガティブプロンプトはたくさん考えられます。

●ネガティブプロンプトを使用する際のヒント

画像生成AIでネガティブプロンプトを使用する際のヒントを以下に示します。

具体的に

ネガティブプロンプトを使用する際も、具体的な内容を指示するようにしてください。あいまいな指示よりも、具体的な指示の方がAIはより正確に理解しやすく、期待通りの結果を得ることができます。

繰り返しテスト

複数のネガティブプロンプトを試して、最も適切なものを見つけ出すことが大切です。AIの反応はプロンプトによって変わるため、最適な結果を得るため、トライアンドエラーは欠かせません。

複数のネガティブプロンプトの組み合わせ

1つのネガティブプロンプトだけではなく、複数を組み合わせて使用することも検討してください。複数の要素を排除することで、より特定の結果を得ることが可能となります。

過度な制限を避ける

必要以上に多くのネガティブプロンプトを使用すると、AIが画像を生成するのが難しくなる場合があります。AIが制約に縛られすぎると、自然な画像を生成することが難しくなる可能性があります。

人物を綺麗に仕上げる際の注意点

特に人物の顔や体の特定の部位（指や手など）に関しては、微細な間違いや不自然さが顕著になりやすいため、不自然な形や位置を避けるようなネガティブプロンプトを使用してください。

例えば「不自然な指の位置」、「手が過度に大きい」などです。人物画像では細部に至るまでの自然さが重要であり、特に手や指は顔と同じくらい注目される部位の一つです。不自然な生成を避けることで、全体の品質を高めることができます。

先述のように、画像生成AIには、手の大きさや指の本数を正確に表現することが苦手な側面があります（図3-2-2）。

▼図3-2-2　不自然な指の本数や位置

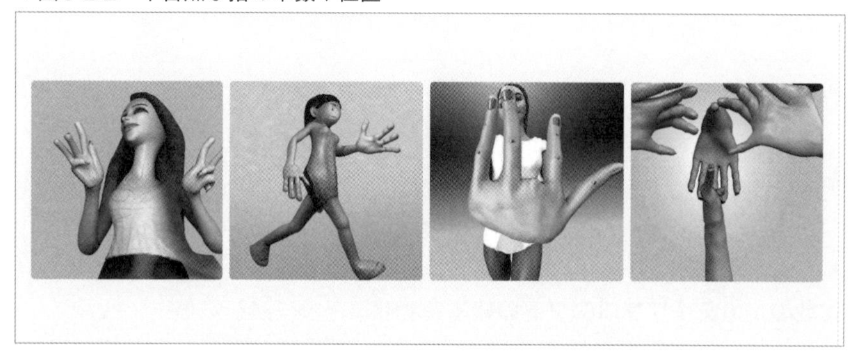

●ネガティブプロンプトとポジティブの実装例

ネガティブプロンプトを採用していない画像生成AIとしては、Adobe FireflyやCanvaなどがあります。

Adobe Fireflyを使って一つの実験をこころみました。

ネガティブプロンプトを入れる場所の指定がないため、禁止事項をプロンプトに入れるとどうなるか試してみました。

結果は、ネガティブプロンプトを入れると、通常プロンプトとして認識してしまいました。

「リュックを背負っていない」と禁止事項を入れましたが、生成結果は、「リュックを背負った画像」が生成されてしまいました。

▼図3-2-3 リュックを背負った画像が生成された

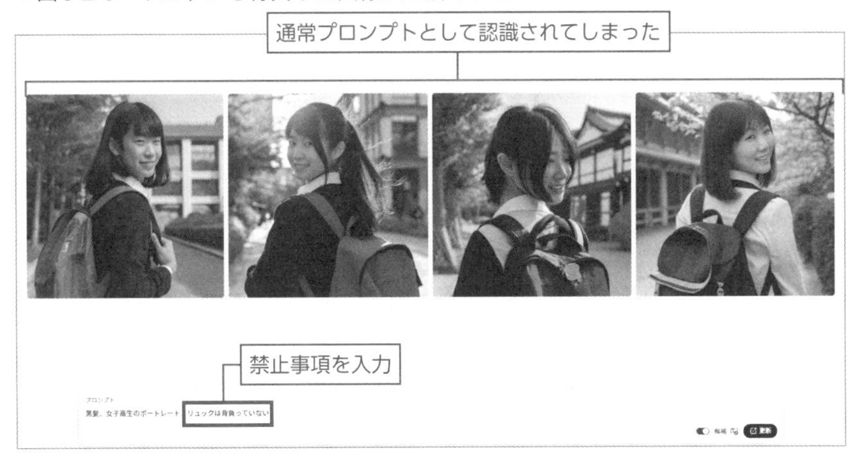

今度はポジティブプロンプト（ネガティブの逆）を入れてみました。

"不自然な指の形"⇔"魅力的な指の形"

すると、図3-2-4のような結果となりました。プロンプトは、「女の子。魅力的な指の形」です。

▼図3-2-4 「女の子。魅力的な指の形」の生成結果

このように、ネガティブプロンプトが有効か否かは、使用する画像生成AIによって異なります。

ネガティブプロンプトという方法があることを理解した上で、アイデアやイメージ、用途に合わせて使い分けることをおすすめします。

くわえて、ポジティブプロンプトを代わりに使用すると、生成結果に好影響を与える可能性もあります。

最後に、プロンプトを入力する際は、そのキーワードや要素の順番にも配慮が必要です。次の節で詳しく解説していきます。

3.3 プロンプトの順番

この節のポイント

- まずは最低限のキーワードからプロンプトをはじめる
- 思いついたキーワードを並べてみる
- 最終型として、キーワードの要素と順番を意識

●最低限のキーワードで作る

まずは、プロンプトの基本的な作り方を、3つのパターンに分けて紹介します。

必要最低限のキーワードでも画像を生成することができます。以下は「白い猫」のプロンプトだけで作成した事例です。

▼図3-3-1　生成途中の画面

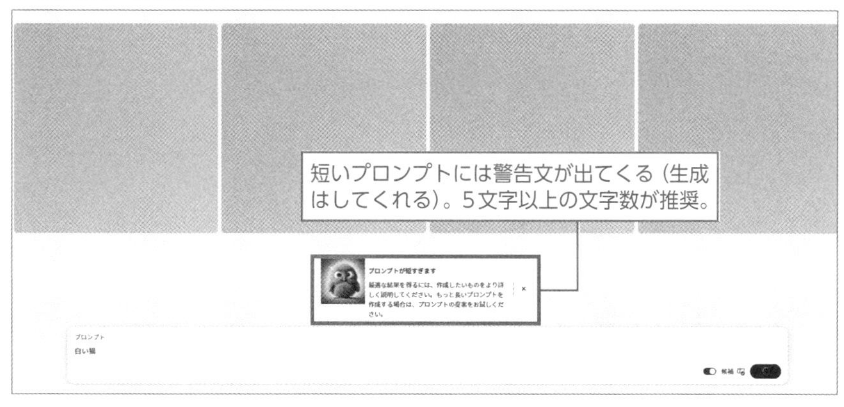

▼図3-3-2　白い猫の生成画像

生成された画像で一旦「更新」ボタンを押して、改めて画像を生成してみると、同じプロンプトでも違った背景や猫のポーズで生成されます。

▼図3-3-3　同じプロンプトでも違った背景や猫のポーズで生成された画像

●思いつくキーワードを並べて作る

次に、思いつくキーワードを加えたプロンプトで生成した場合の事例です。

> **プロンプト：**白い猫が高層階のマンションの窓から外を見ている、眼下には高層ビルが見える、都会の街並み、青い空、昼間、太陽ギラギラ

▼図3-3-4　生成結果画像

●プロンプトの要素と順番を意識して作る

最後に、プロンプトの要素と順番を意識して生成した場合について解説していきます。

画像生成AIに重要なプロンプト要素が存在します。その要素と書き順を意識してプロンプトを作ることをおすすめします。

ただ、必ずこの要素が必要ということではありません。あくまで、理想の画像に近づくための一つの方法です。

そして、全体要素のなかでも特に重要なのが、ビジュアルアートスタイルです。こちらは掘り下げて解説していきます。

●ビジュアルアートスタイル

ちなみに、全体のイメージは、「ビジュアルアートスタイル」といい、次の1から7までの広いカテゴリーにまとめることができます。

- 1. 絵画
- 2. 彫刻

- 3. 陶芸
- 4. プリントメディア
- 5. 写真
- 6. デジタルアート
- 7. 繊維芸術

これらは芸術家が視覚的なメディアを使用して芸術を制作するための一般的なカテゴリーです。

各カテゴリー内にはさまざまな技法やスタイルが含まれ、アーティストはこれらを探求し、独自のアートを作成します。

●ビジュアルアートスタイル詳細

次に、各カテゴリーを詳細に掘り下げて説明します。

1. 絵画

- 油彩画：油性の絵の具をキャンバスに使用し、独自のスタイルやテクスチャを作成するための技法。乾燥に時間がかかり、多くの重ね塗りが可能。
- 水彩画：水性の絵の具を紙に使用し、透明で軽やかな作品を制作可能。水の透明度と流れを活用する技法が特徴。
- アクリル画：アクリル絵の具は速乾性で、多目的に使用できる。キャンバス、紙、木、キャンバスボードなどのさまざまな表面に適している。

2. 彫刻

- 木彫：木材から彫刻を作成する技法で、彫刻刀や彫刻刀具を使用する。細部を表現するのに適しており、さまざまな木材を使用できる。
- 大理石彫刻：大理石は彫刻に非常に耐久性があり、精巧な彫刻を可能にする。ミケランジェロの「ダビデ像」などの有名な作品がこの技法で作られている。
- 金属彫刻：銅、青銅、鉄、アルミニウムなどの金属を使用して彫刻を作成する。溶接、鍛造、鋳造などの技法が使用される。

3. 陶芸

- 手捻り：粘土を手で形作る技法で、素材を手でこねながらポット、ボウル、彫刻などを作成する。
- 陶轆轤：回転する陶芸ホイールを使用して粘土を成形し、均一で円滑な形状を作り出す技法。
- 窯焼成：陶器は高温の窯で焼成され、硬化し、装飾が施される。異なる種類の窯を使用することで、異なる仕上げや色が可能。

4. プリントメディア

- 木版画：木版を用いて版画を制作する技法で、版画刃物を使用してデザインを切り抜く。
- 銅版画：銅版を使用して版画を作成する技法で、酸蝕エッチングなどの技法が一般的。
- リトグラフ：平板印刷技法で、石版や金属版を使用してインクを伝達する。

5. 写真

- フィルム写真：フィルムカメラを使用して写真を撮影し、写真暗室で写真を現像する。
- デジタル写真：デジタルカメラを使用して写真を撮影し、デジタル画像処理ソフトウェアで編集する。

6. デジタルアート

- デジタルペインティング：コンピューターソフトウェアを使用してデジタルキャンバスに描画する技法。
- 3Dモデリング：3Dコンピューターグラフィクスを使用して、立体的なモデルやキャラクターを制作する。
- デジタルコラージュ：デジタル画像の切り貼りを用いて新しいコンポジションを作成する技法。

7. 繊維芸術

- 織物：織機を使用して布やテキスタイルを織る。
- 刺繍：糸や糸地に針を使って図案や模様を作成する。
- フェルト：羊毛繊維を水と圧力で結合させて布や形状を作る。

これらの技法は、芸術家がビジョンを具現化し、異なるメディアを使用して表現するための手法の一部です。アーティストはこれらの技法を組み合わせたり、新しい方法を探求したりして、個性的なアートを生み出します。

●ビジュアルアートスタイルの事例

参考のため、さらに掘り下げた、プロンプトでも使用できる30の事例を示します。

- 1. 風景写真：自然や都市の風景を撮影し、美しい景色や環境を捉えた写真のスタイル。
- 2. ポートレート写真：人物の顔やポーズに焦点を当てた写真で、ポートレートモデルの特徴や表情を引き立てる。
- 3. アブストラクトアート：現実の対象を省略したり変形したりして、非具体的な表現を追求するアートスタイル。
- 4. アニメ風イラスト：アニメーションやマンガのスタイルに影響を受けたイラストで、キャラクターが特徴的でカートゥーン風の外観を持つ。
- 5. ファンタジーアート：架空の世界やクリエイティブな要素を含むアートで、想像力に溢れたシーンやキャラクターが特徴。
- 6. レトロ写真：過去の時代の写真スタイルに影響を受けた写真で、ヴィンテージ感やノスタルジックな雰囲気が漂う。
- 7. スチルライフ：静物物体を主題とする絵画や写真で、物体の配置や光の効果に重点を置く。
- 8. サイバーパンク風アート：サイバーパンク文化に触発されたアートで、高度なテクノロジーとダークな未来をテーマにすることが多い。
- 9. ウォーターカラーペインティング：水彩絵の具を使用して描かれた絵画で、透明感と柔らかい色彩が特徴。
- 10. ペンとインクのスケッチ：ペンやインクを使用して描かれた線画で、スケッチのテクニックや筆致に焦点を当てる。
- 11. ポップアート：大衆文化のアイコンや商品を扱ったアートで、鮮やかな色彩と大胆なデザインが特徴。
- 12. グラフィティアート：壁や公共の場に描かれたストリートアートで、文字やイメージを鮮やかなスプレー缶やステンシルで表現。

- 13. ミニマリズム：単純でシンプルなデザインと色彩を特徴とするアートスタイルで、要素の最小化に焦点を当てる。
- 14. レアリズム：現実の対象を詳細に描写する絵画スタイルで、高い精度と詳細が目立つ。
- 15. フォトリアリズム：写実主義の一形態で、写真のようなリアルな描写を追求し、細部まで精密に描かれる。
- 16. モザイクアート：小さな断片から構成されるアートで、これらの断片を組み合わせて全体のイメージを形作る。
- 17. キュビズム：対象を多角的に見ることに焦点を当てたアートで、幾何学的な形状や遠近法の異なる視点が特徴。
- 18. ストリートアート：公共の場で見かけるアートで、建物や壁に描かれたり、立体物として配置されたりする。
- 19. インスタレーションアート：空間全体を利用して、アート作品を創り出すアートスタイルで、観客が体験的にアートに触れることがある。
- 20. アンダーグラウンドアート：主流のアートシーンとは異なる、独自のスタイルや文化に根ざしたアートスタイル。
- 21. クラシカルアート：古典的な絵画スタイルで、歴史的なテーマや伝統的な技法に重点を置く。
- 22. アバンギャルドアート：伝統的なルールに挑戦し、新しいアートの形態やアプローチを探求する実験的なアートスタイル。
- 23. レトロフューチャリズム：過去のレトロな要素と未来的な要素を組み合わせたアートで、未来予想の古典的な視点を反映することがある。
- 24. ネオエクスプレッショニズム：感情や抽象的な表現に焦点を当てたアートスタイルで、筆致が荒々しく、情熱的なものがある。

- 25. デジタルアート：コンピューターソフトウェアやデジタルメディアを使用して制作されたアートで、バーチャルな形態も含む。
- 26. ポストモダンアート：現代の文化や社会に対する反応として、多様な要素を組み合わせたアートで、伝統的なジャンルの境界を超えることが多い。
- 27. モノクロームアート：一色または白黒で表現されたアートで、色彩を排除し、形や構造に焦点を当てる。
- 28. ファッションイラストレーション：ファッションデザインや衣装を描写するために使用されるイラストレーションで、スタイリッシュなファッション要素が特徴。
- 29. カートゥーンアート：単純な線画やカートゥーンキャラクターを使用して、ユーモアや物語を伝えるアートスタイル。
- 30. フォークアート：一般の人々によって制作された伝統的なアートで、民間の文化や価値観を表現することが多い。

以上が、ビジュアルアートスタイルの詳細事例です。次に、プロンプトの重要要素について解説します。

●プロンプトの重要要素と記述の順序について

ビジュアルアートスタイルがもっとも重要であることは先述しましたが、ここからは、その他も含めたプロンプトの重要要素について解説します。

A～Dが重要要素です。この4つを入れて作成することをおすすめします。

- A「ビジュアルアートスタイル（全体のイメージ）」：油絵、油絵風等
- B「メインの画像」：猫がメイン、高層ビルがメイン等
- C「補足説明」：青い空、昼間等

- D「高品質な画像に仕上げるキーワード」：最高品質、高解像度、画家の名前等

A、B、C、Dの記述順については、強調する要素から書いていきます。

ただ、A（ビジュアルアートスタイル）を最初に書いておくことを推奨します。くわえて、レアケースもありますが、概ね、Bをその後に記述することが多いです。

図3-3-4でご紹介した「白い猫が高層階のマンションの窓から外を見ている、眼下には高層ビルが見える、都会の街並み、青い空、昼間、太陽ギラギラ」というプロンプトを例にしてご説明します。

- A「ビジュアルアートスタイル（全体のイメージ）」：このプロンプトには入れていませんでした
- B「メインの画像」：白い猫が高層階のマンションの窓から外を見ている
- C「補足説明」：眼下には高層ビルが見える、都会の街並み、青い空昼間、太陽ギラギラ
- D「高品質な画像に仕上げるキーワード」：このプロンプトには入れていませんでした

図3-3-4のプロンプトに全体のイメージと高品質な画像に仕上げるキーワードを入れて生成してみます。

プロンプト：油絵風、白い猫が高層階のマンションの窓から外を見ている、眼下には高層ビルが見える、都会の街並み、青い空、昼間、太陽ギラギラ、最高品質、高画質

▼図3-3-5　油絵風の生成画像

今回はリアルな写真よりも油絵のような感じにしたかったので、だいぶ理想的な画像に近づいたと思います。

今回のプロンプトは、高品質や高画質を最後に書いていますので、さほど強調することではないという意図になります。

●単語と文章の画像生成プロンプトについて

画像生成AIのプロンプトを指示する方法は、使用するツールや好みに応じて異なります。原則に従うことが重要ですが、どちらでも使用できるツールもあり、以下に両方の手法について説明します。

文章を使用する手法とその利点

詳細な指示が可能で、画像のコンセプトや要素について説明できます。また複数の要素やその関係を説明でき、複雑なイメージを生成できます。ユーザーが具体的なビジョンを伝えやすく、誤解が少ないです。

> **例：**"油絵、青い空に白い雲が広がり、緑の丘にある一軒家の前に、オレンジ色の太陽が沈む風景。"

要素を単語で指示する手法とその利点

簡潔で簡単に指示でき、シンプルなイメージ生成に向いています。ユーザーは詳細な説明を考える必要がなく、迅速に操作できます。

例："山、夕焼け、川" などのキーワード

複雑なイメージ生成や具体的なコンセプトの場合、文章を使用するのが適しています。シンプルなイメージ生成の場合、要素を単語で指示するのが有用かもしれません。

ユーザーのスキルレベルも関係します。ユーザーが画像生成AIをどれだけ使い慣れているかによっても異なります。初心者は要素を単語で指示するのが簡単かもしれません。

最終的には、プロジェクトの要求事項やユーザーのニーズに合わせて、文章または要素を単語で指示する手法を選ぶのが適切です。また、両方の手法を組み合わせて使用することもおすすめします。

●単語と文章プロンプトを最適化する

プロンプトの要素を記述する順序は、一般的には柔軟であり、特定のルールに従う必要はありませんが、いくつかの考慮すべきポイントがあります。

●単語プロンプトの要素の順序

重要な要素優先

イメージの核となる重要な要素（例："山"、"太陽"、"海"）は、最初に記述することが一般的です。これにより、AIはプロンプトの主要な要素を把握しやすくなります。

関連性

要素の順序は、それらの要素の関連性にも依存します。例えば、「森の中にある小さな家」というプロンプトでは、「森」が「家」よりも前に来ることが自然です。

●文章プロンプトの要素の順序

物語的な流れ

文章プロンプトを使用する場合、物語的な流れに沿った順序を選ぶことが一般的です。プロンプトが物語のシーンや出来事に関連している場合、要素はその流れに従うでしょう。

視覚的な構成

画像の視覚的な構成を考慮すると、重要な要素や前景の要素は通常前に記述され、背景や環境の要素は後に続きます。

重要要素の詳細から全般へ

主題・テーマとする重要要素の説明は、プロンプトの初めに置かれ、全般的な指示や背景情報はその後に続くことがあります。

●単語と文章プロンプトの事例比較

単語プロンプトと文章プロンプトの要素の順序について、具体的な事例をそれぞれ3つずつ示します。

自然景観

単語例：山、太陽、湖、森、鳥、空
文章例：山の頂上に太陽が昇り、湖のそばに広がる森の空には鳥が飛んでいます。

都市の特徴

単語例：高層ビル、車、人々、街路、ネオンライト、交差点
文章例：高層ビルが街路に並び、ネオンライトが輝く都市の交差点で、車と人々が行き交っています。

ファンタジーの要素

単語例：魔法の杖、魔法の森、騎士、城、妖精
文章例：ドラゴンが魔法の森で飛び立ち、騎士は魔法の杖を持って城を守り、妖精が舞っています。

●ベストなプロンプトとは？

画像生成プロンプトは、具体的な要求を明確に伝えるために、以下のように考えることができます。❶～❸において英訳すると、元の日本語プロンプトの良しあしが判明します。

❶「高品質なデジタルペインティング、サイバーパンク都市の風景」
High quality digital painting, cyberpunk urban landscape

❷「サイバーパンク都市の風景、高品質なデジタルペインティング」
Cyberpunk urban landscape, high quality digital painting

❸「高品質なデジタルペインティングのサイバーパンク都市の風景」
High quality digital painting cyberpunk urban landscape

❶と❸の冒頭は、ビジュアルアートスタイル→主題→（補足）の順番です（❷よりは❶と❸の方がベターです）。

なお、単語でプロンプトを書かなければいけない場合は、上記の❶や❸を参考にしながらカンマを入れて入力していきます。

文章の元プロンプト：
High quality digital painting cyberpunk urban landscape

変更後の単語で区切ったプロンプト：
High, quality, digital, painting, cyberpunk, urban, landscape

このように英訳すると、その順番も理解しやすくなります。いずれにせよ、プロンプトは、意図する優先順位にもとづいて書いていくことが求められます。

このように、重要要素と書き順を意識することをおすすめします。

なお、Adobe Fireflyでのプロンプトの入力方法ですが、文章形式でも、キーワードを句読点で区切る方法でも生成に影響はないようです。

ギャラリーを確認すると、句読点を使い文章にしているものと、単語を区切っているものが存在しますが、生成画像の品質に違いは見られません。

最後に、理想の一枚を生成するためのポイントを紹介します。

プロンプトスキルを上げて、理想の画像を生成する一番の秘訣は、「何度も実際に試す」ことです。微調整を繰り返すことで、少しずつ理想の画像にたどり着きます。

また、同じプロンプトであっても、毎回違う画像が生成されます。編集やスタイルなどツールによる効果によっても変わってきます。納得できる1枚ができるまで、実際に試してみることが重要です。

Column トラブル防止のための注意点

・高品質な画像や○○風な画像を作りたい場合、著作権が生きている作家の名前やドメイン名等を使用することは避けましょう。
・実在する有名人の名前、有名キャラクターの名前も避けた方がよいでしょう。
・公序良俗に反するような暴力的な言葉や風俗を乱す言葉は避けましょう。
・プロンプトだけでなく、既存の画像を参考にする場合にも他人の権利を害さないように細心の注意を払いましょう。

3.4 プロンプトのアイデアを出す

この節のポイント

- テーマや目的にあわせたアイデアを出す
- 感情や雰囲気など情緒面も言葉にする
- アイデアの組み合わせによる新たなアイデアを生む

●プロンプトのアイデアを増やすコツ❶：目的やテーマの明確化

3.2と3.3節において、プロンプトの「型」となる部分を説明してきました。ここからは、プロンプトを考える際のアイデアを増やすコツやヒントを解説していきます。

まず、アイデアを増やすために必用な要素の抽出をChatGPTにお願いしました。その結果、「①目的やテーマの明確化」、「②感情や雰囲気の追加」、「③キーワードのブレインストーミング」、「④アイデアの組み合わせ」、「⑤ギャラリーの活用」、「⑥反復生成」、「⑦外部の資料を利用する」という要素を出してくれました。

これらの要素を具体例を出しながら、プロンプトまで考えていきます。

何のための画像を生成したいのか、どんなテーマやコンセプトを伝えたいのかを明確にします。作りたい目的やテーマはそれぞれあると思いますので、ここでも一般論としてChatGPTに聞いてみました。これらの目的やテーマの明確化を基にしたプロンプト生成の具体例を以下に示します。

イベント告知

あるイベントやキャンペーンのための画像を生成したい場合、そのイベントのテーマや特徴を考慮してプロンプトを考えます。例えばハロウィンパーティを企画し告知する際の画像を生成します。ChatGPTにハロウィンパーティの会場のイメージをプロンプトにしてもらい、それをもとにアレンジしました。

例：ハロウィンのパーティー告知
プロンプト：幽霊が舞う古城の夜景

新商品の販促

新しい商品の特長やターゲット層を意識して、その商品のイメージを伝える画像を生成するためのプロンプトを考えます。例えば、夏の新発売ドリンクをアピールする販促用の画像を生成します。ChatGPTに夏のドリンクのイメージをプロンプトにしてもらい、それをもとにアレンジしました。

例：新発売のトロピカルジュースをアピール
プロンプト：夏のビーチで楽しむフレッシュなフルーツジュース

気持ちの表現

ある感情や気持ちをビジュアルとして表現したい場合、それを具体化してプロンプトにします。例えば、落ち着いた感じや安らかな感じを表現した画像を生成します。ChatGPTに落ち着いた感じや安らかな感じのイメージをプロンプトにしてもらい、それをもとにアレンジしました。

例：落ち着きやリラックスを表現
プロンプト：静かな森の中の小川のせせらぎ

歴史や文化の紹介

特定の歴史的背景や文化を紹介する画像を生成する場合、その時代や文化の特徴を捉えたプロンプトを考えます。例えば、日本の伝統文化を紹介する画像を生成します。ChatGPTに日本の伝統文化のイメージをプロンプトにしてもらい、それをもとにアレンジしました。

例： 日本の伝統文化を紹介する
プロンプト： 春の桜の下での茶道

教育や学習の補助

学習内容や教材をビジュアル化して伝えるための画像を生成する際、そのテーマや内容を基にしたプロンプトを考えます。例えば、宇宙に関する授業の補助教材として画像を生成します。ChatGPTに宇宙に関するイメージをプロンプトにしてもらい、それをもとにアレンジしました。

例： 宇宙に関する授業の補助資料
プロンプト： 惑星間を航行する宇宙船

これらの例を参考に、目的やテーマを明確にした上で、それに合わせたプロンプトを設計することで、求める画像を効果的に生成することができます。

▼図3-4-1 宇宙に関する授業の補助資料として「惑星間を航行する宇宙船」の画像

●プロンプトのアイデアを増やすコツ❷：感情や雰囲気の追加

画像生成のプロンプトに感情や雰囲気を追加することで、より具体的かつオリジナルな画像を得ることができます。

ただし、感情や雰囲気を言葉で表現するのはヒントがないと難しいものです。感情や雰囲気を表すキーワードをChatGPTに尋ねます。喜び、寂しさ、冒険、安らぎ、神秘、ロマンスというキーワードを教えてくれました。それをもとに具体的な感情や雰囲気を表す言葉をプロンプトにしてもらい、短くアレンジしました。

例えば、「喜び」を画像で表したい場合、どのような言葉を選び、プロンプトにすればよいかを尋ねます。

感情や雰囲気を加えたChatGPTの生成結果事例を挙げます。

ちなみに、『喜びをテーマとした画像生成プロンプト（テキスト）を提案してください。』のように指示すれば提案してくれます。

◆ 喜び

きらきら輝く子供たちの笑顔

夏の日のリンゴ畑でのピクニック

◆ 寂しさ

雨の日の古い公園のベンチ

深夜の静かな都市の通り

◆ 冒険

嵐の中の古代の船

砂漠に突如現れる謎の都市

◆ 安らぎ

春の午後の静かな湖畔

雪に覆われた小屋での暖かい暖炉

◆ 神秘

満月の夜の魔法の森

古代の神殿の中の秘密の部屋

◆ ロマンス

星空の下でのダンス

桜の花びらの舞う橋の上のカップル

これらの具体例を参考に、感情や雰囲気を取り入れて、多彩なシチュエーションや背景を想像することで、魅力的な画像生成のプロンプトを考えることができます。

▼図3-4-2　ロマンス「星空の下でのダンスをするカップル」の画像

感情や雰囲気の中でも「ロマンス」は、恋愛感情や愛情に関連する感情や要素と言えますが、プロンプトだけでは伝わりにくいので、実際に生成した画像をのせました。

※ロマンス内にある２つの生成結果を組み入れて作成しました。

●プロンプトのアイデアを増やすコツ❸：プロンプトのアイデアやキーワードをブレインストーミング

プロンプトのさまざまなアイデアやキーワードを出し合いましょう。ChatGPT などのツールを使いブレストを試みます。キーワードやテーマ、色やスタイルなどの要素を組み合わせて、新しいビジュアルアイデアをどんどん生成していきます。

プロンプトのアイデアやキーワードをブレインストーミングする際の具体例を以下に示します。

キーワード出し

参加者全員に、「夏」というテーマを与え、一人一人が連想するキーワードを書き出します。

例：「ビーチ」、「アイスクリーム」、「夕日」、「花火」、「キャンプ」など。

ChatGPTの活用

ChatGPTに「夏に関連する美しいシーン」などと質問し、さらなるキーワードやアイデアを取得します。

出力されたキーワード例：「砂の城」、「夏祭り」、「浴衣」、「熱帯魚」。

テーマや色の組み合わせ

「夕日」と「ビーチ」を組み合わせて「オレンジ色の夕日が照らす静かなビーチ」というプロンプトを作成したり、「花火」と「夜空」から、「紫と青の花火が星空を照らす」というプロンプトを考えます。

スタイルの導入

既存のアートスタイルや有名な画家のスタイルを取り入れてみます。

例：「モネ風のビーチの夕日」や「浮世絵調の夏の花火」。

さらなるブレインストーミング

新たに得られたアイデアを基に再度ブレインストーミングを行い、さらなる深化を試みます。

「熱帯魚」と「浴衣」から、意外性を持たせた「熱帯魚のデザインの浴衣」や「浴衣を着た女性が熱帯魚のいる水槽の前で涼む」などのプロンプトが考えられます。

このように組み合わせることで、多彩で魅力的なプロンプトを生成することができます。

▼図3-4-3 さらなるブレインストーミング「浴衣を着た女性が熱帯魚のいる水槽の前で涼む」の画像

●プロンプトのアイデアを増やすコツ❹：アイデアの組み合わせ

生成された画像アイデアを組み合わせることで、新たなコンセプトが生まれることがあります。真逆で異なるアイデアを組み合わせることで、斬新なビジュアルを作成できます。ただし、組み合わせるアイデア自体を言葉で表現するのが難しい場合もあります。ChatGPTにアイデアの組み合わせのパターンを尋ね、そのイメージをプロンプトにしてもらいます。それをもとに短くアレンジしました。

その組み合わせを効果的に行うための具体例を以下に示します。

テーマのクロスオーバー

テーマのクロスオーバーは、異なるテーマの要素を組み合わせて新しいアイデアや作品を生み出すことを指します。そこで、異なるアイデアを組み合わせた新しいアイデアを考えるために、テーマ部分の具体例をChatGPTに尋ねました。「歴史とSF」や「コメディとスポーツ」、「中世の城と未来的なロボット」などいくつも候補を出してくれましたが、その中で、今回は 「中世の城と未来的なロボット」をもとに新しいアイデアを考えました。

例：「中世の城」と「未来的なロボット」

これらを組み合わせて「中世の城を守るロボット騎士」という新しいアイデアを考えることができます。以下、同様にChatGPTに各アイデアの組み合わせパターンを尋ね、プロンプトの参考にします。

背景と対象の組み替え

例：「雪山の背景」と「熱帯の鳥」

これらを組み合わせて「雪山にとまる熱帯の鳥」というオリジナルなシーンを作り出すことができます。

時代とスタイルの融合

> **例：**「1950年代のファッション」と「サイバーパンクの都市」

2つのアイデアを組み合わせることで、「1950年代スタイルの服装をした人々が歩くサイバーパンクの街」という新しいビジュアルを生成できます。

自然とテクノロジーの組み合わせ

> **例：**「深海の怪物」と「宇宙船」

「深海の生物が宇宙船のような機能を持つ」、または「宇宙船が深海の怪物のようなデザインを持つ」というビジュアルを考えることができます。

これらの組み合わせを利用することで、従来の枠にとらわれない新しいビジュアルやコンセプトを生み出すことができます。

▼図3-4-4　自然とテクノロジーの組み合わせ「深海の生物が宇宙船のような機能を持つ」

●プロンプトのアイデアを増やすコツ❺：インスピレーションを得るためにギャラリーを利用

Adobe Fireflyには、既存のデザインやアート作品の画風やプロンプトを参考にできるギャラリーがあります。独自のビジュアルを考える際のアイデアの幅が広がります。

ギャラリーにある画像とそのプロンプトを参考にすることで、新たなアイデアが浮かんだり、少しプロンプトを変更するだけで、理想の画像生成が可能になります。

風景画の再解釈

たとえば、ギャラリー内に「春の桜の下でピクニック」といった風景画のプロンプトがあった場合、これを参考に、「秋の紅葉の中のピクニック」や「雨の日の桜の下でピクニック」などとアレンジして、新しい画像を生成することができます。

古典的なアートを現代的に再構築

ギャラリーから「モナリザの微笑」というプロンプトを見つけた場合、これを現代的にアレンジして「現代的な服装のモナリザ」というような新しいプロンプトを考えることができます。

アートムーブメントの融合

ギャラリー内で「印象派の風景」というプロンプトを見つけたら、それとは異なるアートムーブメント、例えば「キュビズム」を取り入れて、「キュビズムと印象派の融合した風景」という新しいプロンプトを作成することができます。

これらの例からもわかるように、ギャラリー内のプロンプトや画像を参照することで、自身の創造力を刺激し、独自のビジュアルアイデアを考える手助けとすることができます。

▼図3-4-5 アートムーブメントの融合「キュビズムと印象派の融合した風景」の画像

●プロンプトのアイデアを増やすコツ❻：反復生成による最適化

同じプロンプトを使用して何度も画像を生成することで、多彩なバリエーションを探ることができます。AIの特性として、同じプロンプトからも異なる結果が出力されることが多いため、これを利用して理想的なビジュアルを見つけ出すことが可能です。

反復生成による最適化の具体例

例えば「中世の魔法の街」をテーマとした画像を生成する場合、プロンプトを「中世の魔法の街」として画像を生成します。

一度生成した画像とプロンプトはそのままにして、再度生成ボタンをクリックします。すると少し雰囲気の変わった画像が生成されました。

(図3-4-6「中世の魔法の街」の1回目と2回目の画像を参照)

次のように、同じプロンプトを使用しても、AIはその都度微妙に異なるシーンや要素を持った画像を生成します。この反復生成を数回繰り返すことで、プロジェクトのテーマや目的に最も合致したビジュアルを選ぶことができるのです。

▼図3-4-6 「中世の魔法の街」の1回目と2回目の画像

1回目

2回目

●プロンプトのアイデアを増やすコツ❼：外部の資料を利用

外部の資料を利用するということは、どんな要素があるのか、一般的な例をChatGPTに尋ねると、本、映画、音楽、旅行、歴史、神話など、さまざまなメディアや経験があると回答がありました。それを参考に例えば、特定の小説のシーンや歴史的な出来事をベースにしたプロンプトを考えることができます。

具体例を以下に示します。

本

例：『吾輩は猫である』の中で冒頭の文章「吾輩は猫である。名前はまだない。どこで生れたか頓（とん）と見当がつかぬ。何でも薄暗いじめじめした所でニャーニャー泣いていた事だけは記憶している。」という文章よりイメージする子猫の画像を作ります。文章をもとにキーワードで区切り、画像生成に必要な要素を入れたプロンプトを作ります。
プロンプト："捨てられた子猫、薄暗いじめじめした所、ニャーニャー鳴いている、痩せた生後まもない子猫"

映画

例：『風と共に去りぬ』の最後のセリフ「After all, tomorrow is another day（明日に希望を託すのよ）」よりイメージする画像を作ります。その際、映画を見たことがない方は、ChatGPTに情景を尋ねると詳しく映像を言語化してくれます。それを参考にプロンプトを作るとよいでしょう。
プロンプト："草原が広がる青々とした風景、小高い丘、夕日が沈みかけている、一人の女性が空を見上げている"

音楽

例：『さくらさくら』の冒頭の歌詞「さくら　さくら野山も里も　見わたす限りかすみか雲か　朝日ににおう」よりイメージする画像を生成します。これもChatGPTに歌詞を情報として与え、それをもとにプロンプトを作成することもできます。
プロンプト："桜の花が満開、山々と町々が桜の花で彩られている、かすみや雲が青空を彩り、朝日の光がかすんでいる"

旅行

例：旅行に行ったときに見た、ギリシャのサントリーニ島にある青いドームと白い家の画像を生成します。その際、見たままの背景だけでなく、海や島の名前をプロンプトに含めることで、よりイメージに近い画像の生成が期待できます。
プロンプト："背景はエーゲ海、サントリーニ島の景色"

歴史

例：歴史的な遺産や物語はたくさんありますが、多くの歴史の教科書にも掲載されているエジプトの「ピラミッドとスフィンクス」の画像を生成します。今回は、世界三大ピラミッドの1つとして知られている「ギゼのピラミッド」をモチーフにプロンプトを作成します。「キーワードとして、ギゼ、ピラミッド、スフィンクス」をプロンプトに入れることで制度の高い画像生成期待できます。
プロンプト："夕日の中、ギザのピラミッドとスフィンクス"

神話

例：神話には、口伝で語り継がれてきたものが、世界各国にあります。今回はギリシャ神話の中の「イカロス」についての神話から画像を生成します。そもそもイカロスの神話は、「父デダロスとともにロウで自作の羽根を使って空を飛び、太陽に近づき過ぎて羽根が溶け、墜落死する。無謀な自己過信の警鐘の神話です」ChatGPTにイカロスの神話からプロンプトを作成するように指示することができます。
プロンプト："ギリシャ神話、太陽に近づくイカロス、ロウの翼"

これらの資料や経験を基にして、新しいプロンプトのアイデアを考えることができます。これにより、よりオリジナルでクリエイティブな画像生成が期待されます。

▼図3-4-7　歴史「ギリシャ神話、太陽に近づくイカロス、ロウの翼」の画像

イメージを具現化するプロンプトのアイデアを増やしていくことは、初心者でも高品質の画像生成に繋がります。ぜひチャレンジしてください。

プロンプトのアイデアもChatGPTを利活用して提案してもらうと意外に簡単に出てくることがあります。

次のように事例を示します。

ChatGPTでのプロンプト

指示
画像生成プロンプトを作成してください。

条件：ビジュアルアートスタイル(高画質の写真)→主題→補足の順番

文脈(背景)：
あなたは、ガラス工芸作家です。
ガラスの置物などを作っています。

画像生成プロンプト：ガラスの置物

生成結果

ビジュアルアートスタイル：
高画質の写真において、繊細で透明感のあるガラスの置物を美しく捉えた作品を生成してください。この写真は高解像度で、ガラスの質感、輝き、そして光がガラス表面に反射している様子を鮮明に表現している必要があります。

主題：
ガラスの置物は芸術的で繊細なデザインを持っており、その中でも特定のガラス置物をクローズアップして撮影してください。この置物はあなたの作品の一部であり、ガラスの芸術的な美しさを最大限に引き立てた写真を生成してください。色、形、透明度、そしてガラスのテクスチャが際立つようにしてください。

補足：
背景や照明は写真の主題であるガラスの置物を際立たせるために選ん

でください。照明はガラスの輝きを美しく強調し、背景は置物を引き立てる役割を果たすようにデザインしてください。また、写真におけるアングルや構図も慎重に選び、ガラスの置物が芸術的で魅力的に映るように心がけてください。

この生成結果を一度ChatGPTに要約依頼をし、その生成結果を翻訳サイトのDeepLに貼り付けて、必要要素のみ抽出し簡略化していきます。

▼図3-4-8　生成結果をDeepLに貼り付ける

このときに、英語に翻訳したプロンプトが、ビジュアルアート→主題→補足の順番に並んでいるかを確認します。

なぜなら、英語で書いたプロンプトの方が生成の品質が高いのですが、筆者は英語の語順が関係していると考えています。

画像生成については、記述する順番などを組み入れることで生成結果をコントロールすることができますが、強調する要素ほど先に記述するべきです。そのため、DeepLをプロンプトの参考にしています。

その後、簡略化したプロンプトをツールに貼り付けます。

▼図3-4-9　簡略化したプロンプトをツールに貼り付ける

第4章

実践でスキルアップ：画像生成AIを使ったWebライティングのコツとWeb媒体での活用法

Web媒体への時短ワザとは？

4.1 Webライティングと画像生成AIの相乗効果

この節のポイント

- Webライティングと画像生成AIの組み合わせ
- 具体的な活用事例
- コンテンツの質と効果の向上

Webライティングと画像生成AIの相乗効果

初心者の方でも、Webライティングと画像生成AIを組み合わせることで、プロのような高品質画像を短時間で作成することが可能になりました。この節では、Webライティングと画像生成AIの相乗効果が期待できる活用事例を紹介していきます。

ブログのサムネイル（4.2節）

ブログのサムネイルでの活用は、文章の情報と視覚的要素を組み合わせることで、読者の最初の印象を形成し、記事のテーマや内容への期待を高める効果があります。これにより、読者の興味や関心を引き付け、読み進めさせる可能性を高めることができるため、Webライティングと画像の効果的な組み合わせと言えます。

SNSの投稿（4.3節）

SNSの投稿において、文章による情報伝達の効果と画像の視覚的魅力が合わさることで、コンテンツの訴求力と拡散力が増強されます。具体的には、文章だけよりも画像が含まれている方がユーザーの目を引きやすく、その結果としてシェアやリポストの可能性が高まり、より多くの人々に情報が届くことになります。

ホームページ内の参照画像（4.4節）

ホームページ内の参照画像と文章を組み合わせることで、文章だけでは伝えきれないブランドの雰囲気やイメージを具現化し、訪問者の興味を即座に引きつけることができます。これにより、文章のメッセージと画像が相互に補完し合うことで、訪問者に深い印象を与え、ブランドへの信頼や関心を高める効果が生まれます。

ECコマースの商品説明（4.5節）

文章と多角度や細部の画像を組み合わせることで、ECコマースの商品説明において、文字だけでは伝えきれない商品の魅力や細部の特徴を視覚的に強調できます。これにより、消費者の理解が深まり、商品の信頼性や魅力が向上し、結果として購買の確率を高める効果が期待できます。

FAQセクション（4.6節）

FAQセクションは、明瞭な文章によってユーザーの疑問を解消することが目的です。そこで、関連するアイコンやイラストを追加することで、ユーザーの理解をさらに促進することができます。例えば、支払い方法に関する質問にクレジットカードのアイコンを添えると、一目で内容を把握しやすくなります。このように、テキストと画像を組み合わせることで、情報の伝達効率とユーザーエクスペリエンスが向上します。

ランディングページのアイキャッチ画像（4.7節）

ランディングページのアイキャッチ画像は、文章と画像を組み合わせることで、訪問者の最初の印象を形成する重要な要素となります。文章だけでは伝えきれない情報や感情がビジュアルを通じて瞬時に伝えられます。それによりターゲットユーザーの関心を速やかに捉え、サイト内の他のコンテンツへの興味を喚起しやすくなります。その結果、ユーザーの滞在時間が増え、求めているアクション（購入、登録、ダウンロードなど）への導線が明確になり、コンバージョン率の向上が期待できます。

キャンペーンやプロモーションのバナー（4.8節）

キャンペーンやプロモーションのバナーにおいて、鮮やかな色彩やデザインの画像を取り入れることで、文章が伝える情報のインパクトが増幅され、ユーザーの注目を引き付けやすくなります。これにより、目的とするアクション（例：購入、申し込み、クリックなど）を行うユーザーの反応が向上します。

まだまだ、たくさんの活用事例がありますが、導入しやすい場面を想定してご紹介しました。次の節からは、画像生成AIによって実際につくった具体的なコンテンツを見ながら、理解を深めていただきたいと思います。

▼図4-1-1　画像を文章でつくっていく未来

4.2

画像生成AIを活用した効果的な作成例 Web媒体での活用法：ブログのサムネイル

この節のポイント

- 画像生成AIをブログ活用する際のポイント
- AIによるカスタマイズと学習能力
- 具体的なアイキャッチ画像生成の事例

●ブログでの画像生成AI活用の概要

ブログのサムネイルは、その記事のテーマや内容を反映し、一目で関心を惹くものであるべきです。

そして、この技術を利用すると、ブログの内容やキーワードに基づいて、関連性の高いサムネイルを生成することができます。従来、適切な画像を探すために多くの時間を費やしていたブロガーは、画像生成AIのおかげでその作業を大幅に短縮し、オリジナリティあふれる画像を簡単に作成できるため、差別化も図ることができます。

結果として、ブログの読者が感じる親近感や信頼感を高めることが期待できます。

総じて、効率性と革新性は、ブログ運営者にとって、かつてない価値を提供しています。

●ブログ用サムネイルの生成

具体的な事例として、占いのブログのサムネイルを画像生成AI（Adobe Firefly）で作りました。

ブログの中に「人生は時に、大海原を進む航海と例えられます。大昔の航海は地図もナビもなく、潮の流れを読んだり、星空を見て方向を確かめたりしていました。真北に輝き、動かない北極星は旅人の道標となっていました。自己理解の必要性は、人生の航海においての指針とも言えるでしょう。」という文章があります。

今回はこの内容をモチーフにプロンプトを考え、実際に画像を生成しています。

プロンプトの生成は、上記の文章をもとにChatGPTに3つの候補を考えてもらいました。

▼図4-2-1　ChatGPTにプロンプト作成を依頼

指示
下記テキストに沿って、画像生成プロンプトの候補を3つ教えてください。

文脈（背景）:あなたは、AIプロンプターです。

テキスト：
""" 人生は時に、大海原を進む航海と例えられます。大昔の航海は地図もナビもなく、潮の流れを読んだり、星空を見て方向を確かめたりしていました。真北に輝き、動ない北極星は旅人の道しるべとなっていました。「自己理解の必要性」は、人生の航海においての指針とも言えるでしょう。帆船が霧の中を進んでいます。"""

もちろん、帆船が霧の中を進んでいる画像を作成するためのプロンプトを以下に3つ提供します。

1. "霧の中に孤独に浮かぶ帆船のイメージを描いてください。船首には北極星が光り、周りは静寂と不透明な霧に包まれています。"
2. "古代の帆船が霧に包まれた海を航海している場面を描いてください。星々が頼りの道しるべとして輝き、船の船長が潮の流れを読む様子を表現してください。"
3. "霧深い海で進む帆船の一瞬を捉えたシーンを描いてください。船の帆が微かに見え、船上の船員たちが星座を頼りに航海を続けている情景を表現してください。"

生成結果：
1. 霧の中に孤独に浮かぶ帆船のイメージを描いてください。船首には北極星が光り、周りは静寂と不透明な霧に包まれています。

2. 古代の帆船が靄に包まれた海を航海している場面を描いてください。星々が頼りの道標として輝き、船の船長が潮の流れを読む様子を表現してください。

3. 霧深い海で進む帆船の一瞬を捉えたシーンを描いてください。船の帆が微かに見え、船上の船員たちが星座を頼りに航海を続けている情景を表現してください。

この中で気に入った候補をもとに画像を生成します。

今回は、「1. 霧の中に孤独に浮かぶ帆船のイメージを描いてください。船首には北極星が光り、周りは静寂と不透明な霧に包まれています。」というプロンプトを使います。ただし、2023年9月21日にAdobe Fireflyより、「効果的なプロンプトを記述する」という記事がでており、「生成する」や「作成する」という単語を避けるように指示があります。そこで、ChatGPTのプロンプト案をもとに、Adobe Firefly向けにプロンプトを手直ししてみます。

修正プロンプト：
「霧の中に孤独に浮かぶ帆船、船首には北極星が光り、周りは静寂と不透明な霧に包まれています。」

ちなみに、他のツールにおいても、描く要素以外の「描いてください」のようなテキストは入れないほうが生成結果がよいようです。くわえて、要素の羅列だけでもよい結果を得ることができる場合もあります。

▼図4-2-2　ブログイメージの画像を生成

4枚の帆船の画像から1枚選び、ダウンロードします。

もちろん、気に入った画像がない場合は、別のプロンプトを試したり、コンテンツタイプを変えたりしながら、何度か生成しなおしてください。

この画像を、ブログのサムネイルに投稿します。

▼図4-2-3　ブログのサムネイル

4.3 画像生成AIを活用した効果的な作成例 Web媒体での活用法：SNSでの画像生成

この節のポイント

- 画像生成AIをSNSで活用する場合のポイント
- カスタマイズでき専門的な知識不要
- 具体的なSNSでのプロフィール画像の生成事例

●SNSでの画像生成AI活用の概要

SNSは現代のコミュニケーションの主要な手段となっています。そして、内容やメッセージを伝えるためのビジュアルが非常に重要視されています。一つの投稿が多くの人々の目に留まるためには、目を引く画像であるかどうかがカギを握っています。

例えば、あなたが「夏のビーチ」というキーワードを入力すれば、それに合わせた美しいビーチの画像を生成することができます。更に、この技術は常に進化し続けており、ユーザーの要望や好みに合わせて柔軟に画像を生成することができます。

SNSでの投稿において、伝えたいテーマやメッセージに合わせたオリジナルの画像をAIに生成させることで、投稿の個性や独自性を際立たせることができます。これにより、他の多くの投稿との差別化を図り、フォロワーの目を引き付けることができます。

さらに、画像生成AIを使えば、特定のキャンペーンやイベントに合わせたビジュアルを簡単に作成できます。従来、高品質な画像を得るためには専門家の手を借りるか、高価なライセンス料を支払う必要がありましたが、このAIの登場により障壁が大幅に低下しました。

画像生成AIの最も魅力的な点は、初心者であっても簡単に扱うことができる点にあります。画像編集の専門的な知識やスキルを必要とせず、あなたの想いやメッセージをビジュアルとして表現する手助けをしてくれるのです。うまく使いこなすことで、SNS上での影響力や認知度を飛躍的に向上させるチャンスが訪れるでしょう。

●実際のSNSにおける画像の生成

具体的な事例として、花の写真を投稿するSNSにおける、オリジナルのプロフィール画像を画像生成AI（Adobe Firefly）で作ります。

そして、そのプロンプトについては、ChatGPTに3つの候補を考えてもらいました。

テーマは、『明るい色の花束を頭に帽子のように乗せている顔の丸い少女が笑っている』です。

▼図4-3-1　ChatGPTにプロンプト作成を依頼

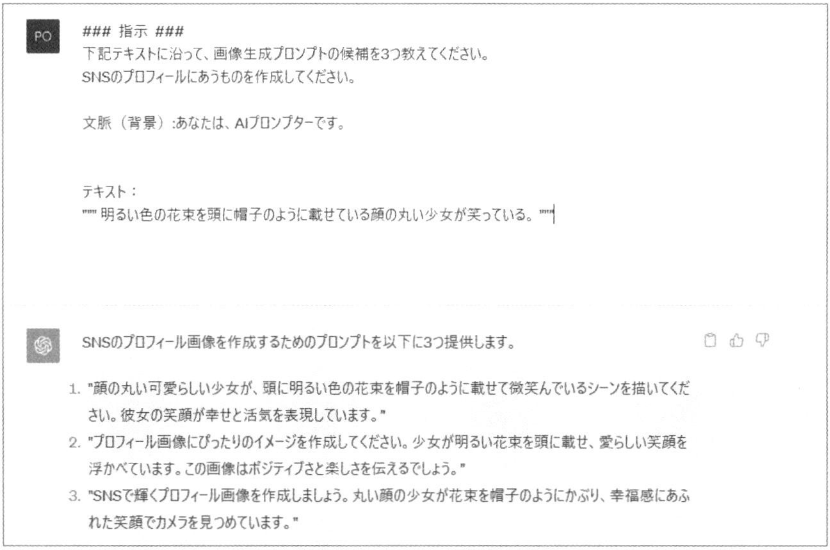

PO

指示
下記テキストに沿って、画像生成プロンプトの候補を3つ教えてください。
SNSのプロフィールにあうものを作成してください。

文脈（背景）:あなたは、AIプロンプターです。

テキスト：
""" 明るい色の花束を頭に帽子のように載せている顔の丸い少女が笑っている。 """

SNSのプロフィール画像を作成するためのプロンプトを以下に3つ提供します。

1. "顔の丸い可愛らしい少女が、頭に明るい色の花束を帽子のように載せて微笑んでいるシーンを描いてください。彼女の笑顔が幸せと活気を表現しています。"
2. "プロフィール画像にぴったりのイメージを作成してください。少女が明るい花束を頭に載せ、愛らしい笑顔を浮かべています。この画像はポジティブさと楽しさを伝えるでしょう。"
3. "SNSで輝くプロフィール画像を作成しましょう。丸い顔の少女が花束を帽子のようにかぶり、幸福感にあふれた笑顔でカメラを見つめています。"

生成結果（画像生成プロンプト）：

1. 顔の丸い可愛らしい少女が、頭に明るい色の花束を帽子のように載せて微笑んでいるシーンを描いてください。彼女の笑顔が幸せと活気を表現しています

2. プロフィール画像にぴったりのイメージを作成してください。少女が明るい花束を頭に載せ、愛らしい笑顔を浮かべています。この画像はポジティブさと楽しさを伝えるでしょう。

3. SNSで輝くプロフィール画像を作成しましょう。丸い顔の少女が花束を帽子のようにかぶり、幸福感にあふれた笑顔でカメラを見つめています。

この中で気に入った候補をもとに画像を生成します。

今回は、「2. プロフィール画像にぴったりのイメージを作成してください。少女が明るい花束を頭に載せ、愛らしい笑顔を浮かべています。この画像はポジティブさと楽しさを伝えるでしょう。」というプロンプトを使いました。

ただし、前述のように、「生成する」や「作成する」、その他、不必要な単語を削除してプロンプトを調整します。

修正プロンプト：
「プロフィール画像、少女が明るい花束を頭に載せ、愛らしい笑顔を浮かべています。」

▼図4-3-2　プロフィール画面イメージの画像を生成

4枚の画像から1枚選び、ダウンロードします。

気に入った画像がない場合は、別のプロンプトを試したり、コンテンツタイプを変えたりしながら、何度か生成しなおしてください。

SNSのプロフィール画面にダウンロードした画像を投稿します。このように、SNSにおいても利活用できます。

▼図4-3-3　Instagramのプロフィール画面

生成した画像をプロフィール画像に使用

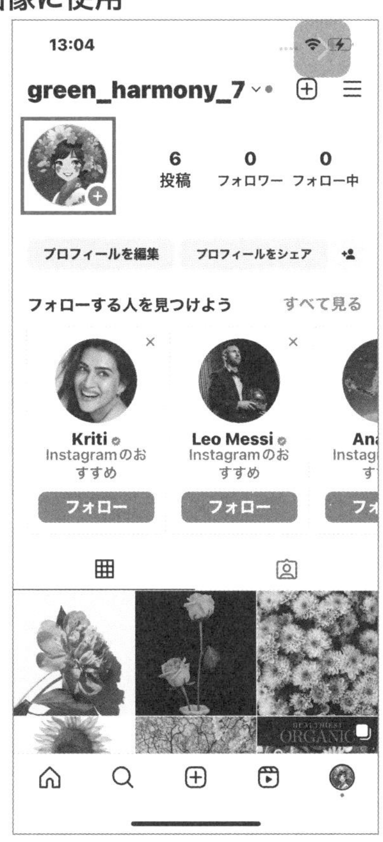

4.4 画像生成AIを活用した効果的な作成例 Web媒体での活用法: ホームページ内の参照画像

この節のポイント

- ホームページへの画像生成AIを活用する場合のポイント
- ホームページ内の画像生成事例
- 画像生成AI導入の利点

●ホームページ（WordPress）での画像生成AI活用の概要

現代のデジタル時代において、ホームページは企業や個人のアイデンティティを表現する重要な手段となっています。特に、CMS（コンテンツマネジメントシステム）として圧倒的なシェアを誇るWordPressは、そのカスタマイズの自由度とユーザーフレンドリーなインターフェースから、多くのユーザーに選ばれています。

一方で、プロフェッショナルな外観を持つホームページを構築するには、デザインの統一感が非常に重要です。ホームページ内で使用する画像のサイズやデザインがバラバラだと、訪問者はそのサイトが雑然としていると感じ、印象が損なわれる可能性があります。ホームページで用いる画像はそのページの「顔」とも言えるもの。それらが一貫性を持っていないと、ブランドイメージやメッセージがぼやけてしまうおそれがあります。そこで画像生成AIを導入し、統一感のある画像を生成することで、さらなる魅力を引き出すことができるのです。

●ホームページ（WordPress）内の画像生成

WordPressで作成したホームページで、ページ内のイメージ画像を画像生成AI（Adobe Firefly）で作成します。

4.2節のブログ作成でご紹介した占いサービスのホームページを例に説明します。プロンプトの生成は「◆対面セッションは、cafeやご都合の良い場所にて行います。」というサービス内容をもとにChatGPTに3つの候補を考えてもらいました。

▼図4-4-1　ChatGPTにプロンプト作成を依頼

PO

指示
下記テキストに沿って、画像生成プロンプトの候補を3つ教えてください。
占いのサービスや商品を説明するページとしてあうものを作成してください。

文脈（背景）:あなたは、AIプロンプターです。

テキスト：
""" 対面セッションは、cafeやご都合の良い場所にて対面セッションのご希望の場所で行います。"""

占いのサービスや商品を説明するページ用の画像を作成するためのプロンプトを以下に3つ提供します。

1. "占いのサービスをカフェやお好きな場所で提供する様子をイメージした画像を作成してください。対面セッションの雰囲気を伝えつつ、カフェでのリラックスした雰囲気を表現しましょう。"
2. "占いのサービスをご希望の場所で提供する概念を視覚的に表現する画像を作成してください。明るく開放的な場所で対面セッションを受けるイメージを伝えるために、どのようなシーンがぴったりか考えてみてください。"
3. "占いのサービスをご案内する画像を制作しましょう。カフェやリラックスした場所で対面セッションが行われる光景を描き、クライアントがリラックスして占いを楽しむ様子を表現してください。"

生成結果（プロンプト）：

1. 占いのサービスをカフェやお好きな場所で提供する様子をイメージした画像を作成してください。対面セッションの雰囲気を伝えつつ、カフェでのリラックスした雰囲気を表現しましょう。

2. 占いのサービスをご希望の場所で提供する概念を視覚的に表現する画像を作成してください。明るく開放的な場所で対面セッションを受けるイメージを伝えるために、どのようなシーンがぴったりか考えてみてください。

3. 占いのサービスをご案内する画像を制作しましょう。カフェやリラックスした場所で対面セッションが行われる光景を描き、クライアントがリラックスして占いを楽しむ様子を表現してください。

この中で気に入った候補をもとに画像を生成します。

今回は、「1. 占いのサービスをカフェやお好きな場所で提供する様子をイメージした画像を作成してください。対面セッションの雰囲気を伝えつつ、カフェでのリラックスした雰囲気を表現しましょう。」というプロンプトを使いました。

ただし、Adobe Firefly向けに、より適切なプロンプトを作成してみます。

修正プロンプト：
「占いのサービスをカフェやお好きな場所で提供する様子をイメージ、対面セッションの雰囲気を伝えつつ、カフェでのリラックスした雰囲気を表現します。」

▼図4-4-2　サービス内容画面「対面セッション」の画像を生成

4枚の画像から1枚選び、ダウンロードします。

もちろん、気に入った画像がない場合は、別のプロンプトを試したり、コンテンツタイプを変えたりしながら、何度か生成しなおしてください。

最後に、サービス紹介ページにダウンロードした画像を投稿します。

▼図4-4-3　対面セッションの案内にイメージ画像を挿入した画像

【対面セッション】

◆対面セッションは、

50分、8000円でご提供しています。

延長は10分1000円となりますが、次の予約が入っている場合は次回の別予約をお願いする場合もございますのでご了承ください。

※また、cafeやご都合の良い場所にて対面セッションのご希望の際は、交通費と実費をご請求させていただく場合がございます。ただし、当方指定の場所まで（太宰府）ご足労頂く場合はセッション料金にのみとなります。

4.5 画像生成AIを活用した効果的な作成例 Web媒体での活用法：ECコマースの商品説明

この節のポイント

- 画像生成AIをECコマースの商品説明に活用する場合のポイント
- ECコマースの商品説明における画像の生成事例
- Image to Imageによる画像生成

●ECコマース商品説明での画像生成AI活用の概要

近年、ECコマースの市場は爆発的な成長を遂げています。スマートフォンの普及、インターネットの高速化、そして消費者のオンライン購入に対する信頼の増加により、デジタルショッピングの時代が到来しています。その結果、多くの企業や個人がオンラインストアを開設し、競争が激化しています。

このような環境下で、どのようにして自社の商品を多くの消費者に知ってもらい、さらに購入してもらうかは、ECサイト運営者にとっての大きな課題となっています。

人間は視覚的な情報を好む生き物であり、特にオンラインショッピングにおいては、商品の画像はその購買判断の中心となります。

そこで、画像生成AIを使用します。商品の特徴や魅力を捉え、それを最大限に引き出すビジュアルを作成することができます。例えば、ある服の色や素材、形状を強調した画像や、それをコーディネートしたスタイリッシュな画像を自動生成することができます。また、季節やイベントに合わせた特別なプロモーション画像も簡単に作成できます。

このような画像生成AIの活用は、消費者の注目を引きつけ、商品に対する興味や欲求を高める効果があります。実際、高品質な商品画像は、購入意欲の向上やカートへの追加率の増加、そして最終的な購入率の上昇に直結します。

さらに、AI技術の進化により、個々の消費者の好みや行動履歴に基づいて、最適な商品画像を動的に生成することも夢ではありません。これにより、一人一人の消費者に合わせてパーソナライズされたショッピング体験を提供することができるようになります。商品の魅力を最大限に引き出す強力なツールとして、これからの時代において、画像生成AIはますますその価値を増していくでしょう。

●ECコマースの商品説明 における画像生成

事例として、ECコマースの商品説明用の画像を画像生成AI（Adobe Firefly）で作成します。

プロンプトの生成は「若い男性がシンプルな黒のTシャツの上にグレーのパーカーを着ている」という最低限の情報からChatGPTに3つの候補を考えてもらいました。

▼図4-5-1　ChatGPTにプロンプト作成を依頼

指示
下記テキストに沿って、画像生成プロンプトの候補を3つ教えてください。
ECコマースの商品説明にあうものを作成してください。

文脈（背景）:あなたは、AIプロンプターです。

テキスト：
""" モデルの若い男性がシンプルな黒のTシャツの上にグレーのパーカーを着ている。"""

ECコマースの商品説明に合う画像を作成するためのプロンプトを以下に3つ提供します。

1. "若い男性モデルが、シンプルな黒のTシャツの上にスタイリッシュなグレーのパーカーを着たファッショナブルなスタイルを披露している画像を作成してください。このコーディネートは、おしゃれな顧客に向けた商品として引き立てることでしょう。"
2. "ECコマースで販売する商品の魅力的なイメージを制作しましょう。若い男性が黒のTシャツにグレーのパーカーを着て、カジュアルでスタイリッシュなルックスを披露しています。商品のデザインとスタイリングを際立たせる画像を作りましょう。"
3. "商品ページに使える魅力的な画像を作成します。男性モデルが黒のTシャツにグレーのパーカーを着て、クールでリラックスした雰囲気を醸し出しています。このスタイリッシュなアイテムを商品として強調する画像を制作しましょう。"

生成結果（プロンプト）：
ECコマースの商品説明に合う画像を作成するためのプロンプトを以下に3つ提供します。

1. 若い男性モデルが、シンプルな黒のTシャツの上にスタイリッシュなグレーのパーカーを着たファッショナブルなスタイルを披露している画像を作成してください。このコーディネートは、おしゃれな顧客に向けた商品として引き立てることでしょう。

2. ECコマースで販売する商品の魅力的なイメージを制作しましょう。若い男性が黒のTシャツにグレーのパーカーを着て、カジュアルでスタイリッシュなルックスを披露しています。商品のデザインとスタイリングを際立たせる画像を作りましょう。

> 3. 商品ページに使える魅力的な画像を作成します。男性モデルが黒のTシャツにグレーのパーカーを着て、クールでリラックスした雰囲気を醸し出しています。このスタイリッシュなアイテムを商品として強調する画像を制作しましょう。

この中で気に入った候補をもとに画像を生成します。今回は、「2. ECコマースで販売する商品の魅力的なイメージを制作しましょう。若い男性が黒のTシャツにグレーのパーカーを着て、カジュアルでスタイリッシュなルックスを披露しています。商品のデザインとスタイリングを際立たせる画像を作りましょう。」というプロンプトを使いました。

ただし、必要要素だけ抽出し、より適切なプロンプトを作成してみます。

> **修正プロンプト：**
> 「ECコマースで販売する商品の魅力的なイメージ、若い男性が黒のTシャツにグレーのパーカーを着て、カジュアルでスタイリッシュなルックスを披露しています。」

▼図4-5-2　商品のデザインとスタイリングイメージの画像を生成

プロンプト
ECマースで販売する商品の魅力的なイメージ、若い男性が黒のTシャツにグレーのパーカーを着て、
カジュアルでスタイリッシュなルックスを披露しています。

4枚の画像から1枚選び、ダウンロードします。気に入った画像がない場合は、再度生成ボタンを押して生成しなおしてください。その後、ECコマースの商品説明のページにダウンロードした画像を投稿します。

また、AIに元画像を学習させ、新しい画像を生成する機能を使うと、あらかじめ撮影しておいた商品を画像生成AIにアップロードしてもとの画像から新たな画像を生成することも可能です。

そのツールとして、WeShop.AI（https://www.weshop.ai/workspace）というECに特化した画像生成AIを使用していきます。

この機能は、例えばスタジオで撮影したモデルの写真の背景を変えたり、ポーズや服装は同じでモデルを若い男性からシニア男性に変えるといったこともできるため、いろいろなパターンを、費用や時間をかけずにECコマースの商品説明に使うことができます。

具体的には、もとの画像（スタジオで撮った写真や、画像生成AIで生成した画像など）をアップロードして、変更をプロンプトで指示します。今回は、ポーズや服のイメージはそのままで、モデルの年齢を若い男性からシニア男性に変更するように指示しています。

図4-5-3のもとの画像内に参照画像をアップロードして、「Input a Positive Prompt (required)」欄に英語でプロンプトを入力し、右下の「Generate」ボタンを押すだけで生成してくれます。

※ツール説明のため、詳細については省略いたします。

▼図4-5-3　もとの画像

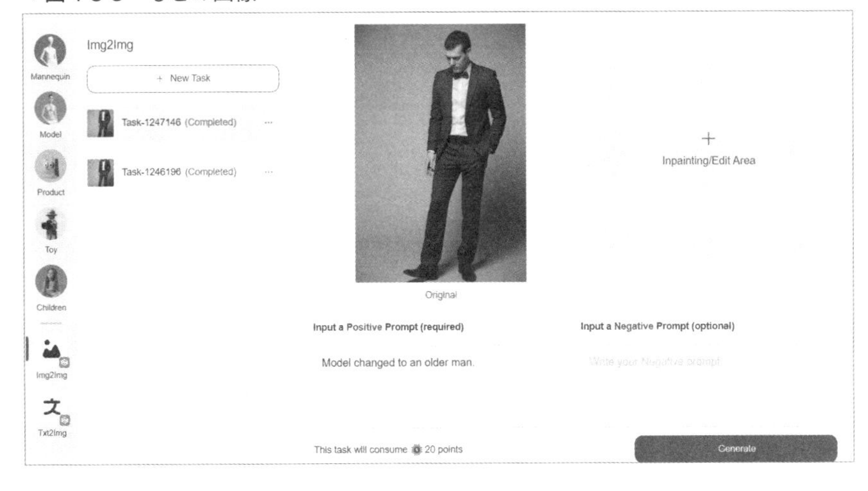

▼図4-5-4　生成した画像

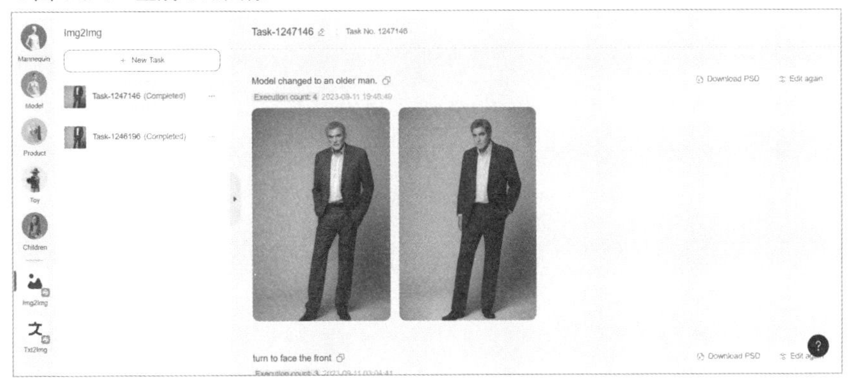

Column WeShop.AIの商用利用についての注意事項

2023年10月現在、WeShop.AIの商用利用の有無がはっきり確認できていません。実際に使用される際は、必ず商用利用の有無を各自でご確認お願いします。今回はECコマースの事例として、自社のモデルや宣材写真を使い、複数パターンを作ることを前提としてご紹介しています。

4.6

画像生成AIを活用した効果的な作成例 Web媒体での活用法: FAQセクション

この節のポイント

- 画像生成AIをFAQに活用する場合のポイント
- FAQセクションにおける画像生成事例
- 画像生成AI導入の利点

●FAQセクションでの画像生成AI活用の概要

FAQセクションは、Webサイトの中でも特に情報のアクセス性が求められる場所です。Webサイトの訪問者は、迅速に自分の疑問の答えを見つけることを期待しています。そのため、このセクションの視覚的な工夫は、ユーザーエクスペリエンスを向上させる重要な要素となります。

画像生成AIの活用により、FAQセクションの質問や回答に関連するビジュアルを効果的に生成することができます。特定の質問やトピックに応じて、関連性の高いアイコンやイラストを即座に作成することで、ユーザーは必要な情報へスムーズにアクセスできるようになります。これにより、テキストだけでなく、視覚的な情報も活用して問い合わせの内容を理解するのが容易になります。

これにより、FAQセクションが持つ情報の価値をさらに高め、ユーザーエンゲージメントの向上を促進します。

●FAQセクションにおける画像生成

ここでの事例は、注目のFAQ画像（頻繁に質問される内容や最新の更新情報）を目立たせるために、画像生成AI（Adobe Firefly）で作成します。

プロンプトの生成は「FAQの中で頻繁に質問される内容や最新の更新情報を目立たせるための特別なビジュアル」という思いをもとに、ChatGPTに3つの候補を考えてもらいました。

▼図4-6-1　ChatGPTにプロンプト作成を依頼

PO

指示
下記テキストに沿って、画像生成プロンプトの候補を3つ教えてください。
占星術のFAQセクションとしてあうものを作成してください。

文脈（背景）:あなたは、AIプロンプターです。

テキスト：
""" FAQの中で頻繁に質問される内容や最新の更新情報を目立たせるための特別なビジュアル """

占星術のFAQ用の目を引く画像を生成するためのプロンプトの候補です：

1. "最新の占星術情報をハイライトした、魅力的な占いFAQ画像を生成してください。"
2. "占星術FAQの注目トピックや頻繁に尋ねられる質問を目立つビジュアルで表現した画像を生成してください。"
3. "占星術の最新アップデートとよくある質問を強調する効果的なFAQ画像を生成してください。"

生成結果（プロンプト）：

1. 最新の占星術情報をハイライトした、魅力的な占いFAQ画像を生成してください。

2. 占星術FAQの注目トピックや頻繁に尋ねられる質問を目立つビジュアルで表現した画像を生成してください。

> 3. 占星術の最新アップデートとよくある質問を強調する効果的なFAQ画像を生成してください。

この中で気に入った候補をもとに画像を生成します。今回は、「3. 占星術の最新アップデートとよくある質問を強調する効果的なFAQ画像を生成してください。」という生成結果（プロンプト）を使いました。

前述のように、要素のみを抽出し、より適切なプロンプトを作成してみます。

> **修正プロンプト：**
> 「占星術の最新アップデートとよくある質問を強調する効果的なFAQ画像」

▼図4-6-2　FAQイメージの画像を生成

4枚の画像から1枚選び、ダウンロードします。気に入った画像がない場合は、更新ボタンを押すなど、再度生成しなおしてください。

最後にFAQセクションへの画面に、ダウンロードした画像を投稿します。

▼図4-6-3　実際のホームページ内のFAQイメージ

HOME / FAQ

皆様からのご質問で多かった内容を載せています。

検索

今週のFAQの注目トピック

FAQ

Q：どうして夜空の星の動きで人生がわかるのですか

A：夜空の星の動きが人生を予測すると考える人々は、占星術という信念に基づいています。占星術は、星座や惑星の位置と人間の生活や性格に関連づけた信念体系ですが、科学的な根拠は存在しません。したがって、星座や惑星の動きが人生を具体的に予測できるという科学的な証拠はなく、占星術は宗教や信仰と同様に、個人の信念や価値観に依存するものです。

占星術では、生まれた日時や位置情報に基づいて、星座や惑星の配置を用いて個人の性格や運勢を評価しようとします。しかし、これらの評価は主観的で一般的には科学的信頼性に欠けています。実際には、星座や惑星の位置は宇宙の物理的な現象に関連しており、個人の運命を直接的に制御する力はありません。

したがって、夜空の星の動きで人生がわかると主張することは、科学的には根拠がないと言わざるを得ません。人生の方向性や運命については、自己認識や行動、環境の影響など多くの要因が影響しますが、これらは星座や占星術の予測よりも重要です。星座や占星術を楽しむことは個人の娯楽として受け入れられるかもしれませんが、科学的な予測ツールとしては扱われていません。

4.7
画像生成AIを活用した効果的な作成例 Web媒体での活用法：ランディングページのアイキャッチ画像

この節のポイント

- 画像生成AIをランディングページに活用する場合のポイント
- ランディングページのアイキャッチ画像生成事例
- 差別化とオリジナリティの向上

●ランディングページ（LP）のアイキャッチ画像での画像生成AIの活用の概要

訪問者が最初に着地するページのことをランディングページ（LP）といいます。ランディングページは多くのビジネスやキャンペーンで重要な役割を果たしており、訪問者の行動やエンゲージメントに大きく影響します。

たとえば、Web広告などから訪れたユーザーに「購入」「お問い合わせ」「資料請求」などの行動を起こしてもらうことに特化され、ターゲットを絞って集客することができます。

そして、画像の役割は、サービスや商品の特徴、価値を的確に伝え、訪問者の関心や信頼を得て、ユーザーを次の行動に誘うための重要な要素になります。

このランディングページにおいても、画像生成AIを利活用することで、ページの目的やキーワード、ターゲットの属性に基づき、魅力的なビジュアルを自動生成することができます。これまで手作業でおこなってきた画像選択やデザインの試行錯誤などの作業から解放され、効率的なページ作成ができるようになります。さらに、オリジナルな画像によって他のランディングページとの差別化も容易になります。

●ランディングページのアイキャッチ画像生成

この事例では、クリスマスセールに向けてのランディングページのアイキャッチ画像を画像生成AI（Adobe Firefly）で作成します。

プロンプトは、「クリスマスセール期間に合わせて期間限定のキャンペーンビジュアル。」という最低限の情報をもとにChatGPTに3つの候補を考えてもらいました。

▼図4-7-1　ChatGPTにプロンプト作成を依頼

PO

指示
下記テキストに沿って、画像生成プロンプトの候補を3つ教えてください。
ランディングページとしてあうものを作成してください。

条件：女性が所品を買いたいと思うような画像を生成します。

文脈（背景）:あなたは、AIプロンプターです。

テキスト：
""" クリスマスセール期間に合わせて期間限定のキャンペーンビジュアル。"""

もちろん、画像生成のためのプロンプトの候補を以下に示します：

1. 「女性がクリスマスシーズンにお気に入りの所品を購入したくなるような、美しいクリスマステーマのランディングページ画像を生成してください。」
2. 「期間限定のクリスマスセールを宣伝するための、魅力的な女性向けランディングページ画像を作成してください。」
3. 「女性顧客がクリスマスシーズンにサイトでショッピングを楽しむための魅力的なビジュアルを生成してください。」

生成結果（プロンプト）：
1. 女性がクリスマスシーズンにお気に入りの所品を購入したくなるような、美しいクリスマステーマのランディングページ画像を生成してください。

2. 期間限定のクリスマスセールを宣伝するための、魅力的な女性向けランディングページ画像を作成してください。

3. 女性顧客がクリスマスシーズンにサイトでショッピングを楽しむための魅力的なビジュアルを生成してください。

この中で気に入った候補をもとに画像を生成します。今回は、「3. 女性顧客がクリスマスシーズンにサイトでショッピングを楽しむための魅力的なビジュアルを生成してください。」というプロンプトを使いました。

前述のように、要素のみを抽出したプロンプトが次の通りです。

修正プロンプト：
「女性顧客がクリスマスシーズンにサイトでショッピングを楽しむための魅力的なビジュアル」

▼図4-7-2　ランディングページの画像を生成

4枚の画像から1枚選び、ダウンロードします。気に入った画像がない場合は、更新ボタンを押すなど、再度生成しなおしてください。

最後に、ランディングページにダウンロードした画像を投稿します。

4.8 画像生成AIを活用した効果的な作成例 Web媒体での活用法：キャンペーンやプロモーションのバナー

この節のポイント

- 画像生成AIをキャンペーンやプロモーションのバナーへ活用する場合のポイント
- キャンペーンやプロモーションのバナー画像生成事例
- 差別化とオリジナリティの向上

●キャンペーンやプロモーションのバナーへの画像生成AI活用の概要

キャンペーンやプロモーションのバナー広告は、Webページ、検索結果画面、ソーシャルメディアなどで活用され、特定のキャンペーン情報や商品・サービスを広告するためのビジュアルツールです。これらのバナー広告は、Webサイトに配置され、魅力的なデザインとキャッチコピーや商品・サービス名を組み合わせて、ユーザーのクリックやアクションを促し、自社Webサイトに誘導します。

バナー広告は、商品やサービスの認知度向上やブランディングに効果的であり、視覚的なアピールが非常に重要です。魅力的なデザイン、鮮やかな色彩、効果的なコピーは、多くのユーザーの目を引き、クリック数の増加につながります。ターゲット層の属性やキャンペーンの目的に合わせてデザインし、特徴的な要素を強調することで、ユーザーの関心を引きつけ、購買行動へと導く重要な役割を果たします。

画像生成AIを活用することで、バナー広告のデザインプロセスが簡単になってきています。AIは、キャンペーンの内容やターゲット層に合わせて迅速に最適なバナーデザインを提案し、デザイナーが試行錯誤する時間を大幅に削減します。さらに、オリジナリティ豊かなデザイン提案を行うことで、他のキャンペーンとの差別化を図るのに役立ちます。

●キャンペーンやプロモーションのバナー画像生成

この事例では、新生活に向けての家電セールのバナー画像を画像生成AI（Adobe Firefly）で作成します。

プロンプトの生成は「新生活に向けての家電セール、冷蔵庫、洗濯機、掃除機、テレビ、レンジ、炊飯器など家電があります。」という情報（テキスト）をもとに、ChatGPTに3つの候補を考えてもらいました。

▼図4-8-1　ChatGPTにプロンプト作成を依頼

指示
下記テキストに沿って、画像生成プロンプトの候補を3つ教えてください。
バナー広告としてあうものを作成してください。

文脈（背景）:あなたは、AIプロンプターです。

テキスト：
""" 新生活に向けての家電セール、冷蔵庫、洗濯機、掃除機、テレビ、レンジ、炊飯器など 家電があります。"""

以下は、バナー広告の画像生成プロンプトの3つの候補です：

1. 冷蔵庫、洗濯機、掃除機、テレビ、レンジ、炊飯器など、新生活に向けての家電セール！特別価格で手に入れよう。
   * このプロンプトに基づいて、家電製品のイラストや写真を使用し、セール価格を強調したバナー広告を作成できます。
2. "新しい家電で快適な新生活を始めよう！冷蔵庫、洗濯機、掃除機、テレビ、レンジ、炊飯器などが特別価格で揃っています。"
   * このプロンプトに基づいて、新生活の快適さを強調し、家電製品の写真を含む広告を作成できます。
3. "冷蔵庫、洗濯機、掃除機、テレビ、レンジ、炊飯器など、新生活の必需品が今だけお得！最大50%オフのセール中。"
   * このプロンプトに基づいて、セールの割引率を強調し、家電製品のイラストや写真を使用した広告を作成できます。

生成結果（プロンプト）：
1. 冷蔵庫、洗濯機、掃除機、テレビ、レンジ、炊飯器など、新生活に向けての家電セール！特別価格で手に入れよう。
  - このプロンプトに基づいて、家電製品のイラストや写真を使用し、セール価格を強調したバナー広告を作成できます。

2. "新しい家電で快適な新生活を始めよう！冷蔵庫、洗濯機、掃除機、テレビ、レンジ、炊飯器などが特別価格で揃っています。"
  - このプロンプトに基づいて、新生活の快適さを強調し、家電製品の写真を含む広告を作成できます。

3. "冷蔵庫、洗濯機、掃除機、テレビ、レンジ、炊飯器など、新生活の必需品が今だけお得！最大50%オフのセール中。"
  - このプロンプトに基づいて、セールの割引率を強調し、家電製品のイラストや写真を使用した広告を作成できます。

これらのプロンプトを使用して、家電製品のセールをアピールする魅力的なバナー広告をデザインできます。

この中で気に入ったプロンプトの候補をもとに画像を生成します。

今回は、「2. 新しい家電で快適な新生活を始めよう！冷蔵庫、洗濯機、掃除機、テレビ、レンジ、炊飯器などが特別価格で揃っています。」というプロンプトを使いました。

前述のように、プロンプト案をもとに、要素のみ抽出し、より適切なプロンプトを作成してみます。

> **修正プロンプト：**
> 「新しい家電で快適な新生活を始めよう！冷蔵庫、洗濯機、掃除機、テレビ、レンジ、炊飯器などが特別価格で揃っています。」

今回はバナーのための画像なので、画像生成の段階で画像の比率を16:9の横長長方形にしています。

▼図4-8-2　キャンペーンやプロモーションのバナーの画像を生成

4枚の画像から1枚選び、ダウンロードします。気に入った画像がない場合は、再度更新ボタンを押すなど、生成しなおしてください。

最後に、バナー画像として、生成画像内に画像文字を追加・編集のうえ、使用してください。

また、Adobe　Stock（Adobeの画像を集めているサイトURL: https://stock.adobe.com/jp/ ）を参照することや、テンプレートとして使うことも可能です。さらに編集ソフトを使い文字を入れ、装飾をすると、よりイメージに近い、インパクトのある画像ができます。納得いく画像ができたら、キャンペーンやプロモーションのバナー画面にダウンロードした画像を投稿します。

▼図4-8-3　Adobe Stockのトップ画面

最後に、次の第5章についてのお断りです。

- あくまで、自分（著者）が調べたことを書いています
- 実際に商用利用する際は、専門家に相談したり、著作権についての書籍を参照することをお勧めします

以上2点を留意のうえ、本書のご利用をお願いいたします。

第5章

商用利用について画像生成AIの規約を確認

画像の著作権やライセンスに注意しよう

5.1 商用利用とは

この節のポイント

- AIをビジネスに活かす商用利用の可能性
- 商用利用できる画像生成AIとできない画像生成AIの基準
- 著作権と商用利用の関係についてのまとめ

●画像生成AIの商用利用について

画像生成AIは、人工知能技術を活用して自動的に新しい画像を生成するツールやシステムです。これを商用利用するということは、AIが生成した画像をビジネスの一環として活用することを指します。

主に第4章でご紹介したWebライティングへの活用事例と重複するものも多いですが、以下に想定される具体例をあげながら詳しく解説します。

クリエイティブ業界

広告やマーケティング、デザインなどの分野で画像生成AIは広く利用されるでしょう。例えば、広告用のバナーやポスター、商品パッケージのデザインにおいて、効果的な画像を効率的に生成するためにAIが活用されます。また、ブランドのロゴやアイコンもAIによってデザインされることがあります。

ゲーム業界

ゲーム開発においても、背景やキャラクター、アイテムなどの画像生成にAIが活用されるでしょう。これにより、多彩なゲーム世界を効率的に作成できます。例えば、ランダムなマップやキャラクターの外見を生成することで、ゲームプレイのバリエーションを増やすことができます。

映像制作

映画やアニメ、テレビ番組などの映像制作においても、AIが背景やシーンの構築、特殊効果の生成などに活用されるでしょう。AIを使用することで、大規模なシーンや効果を効率的に作成できます。

ファッション業界

ファッションブランドは、新しいデザインやパターンの生成にAIが活用されるでしょう。AIは、トレンドや顧客の好みを分析し、それに基づいて服やアクセサリーのデザインを生成することが可能です。

アート作品の生成

一部のアーティストやクリエイターは、AIを使って独特のアート作品を生成しています。

これらの作品はオークションや展示会で取引され、AIアートの新たな市場が形成されつつあります。

また、NFTとして販売する人も増えてきました。

NFT(非代替可能なトークン)は、「デジタルデータと、それが本物である証明書がセットになったもの」と言えます。

これまで、デジタルデータは簡単に複製でき、その所有権を主張することが難しく、販売や購入には問題がありました。しかし、技術の進化により、この問題に対処する手段が生まれ、NFTを持つ人々は、デジタルアートを購入し、保持できるようになりました。

SNS(ソーシャルネットワーキングサービス)

SNS上でのコンテンツは、目を引く画像が重要です。画像生成AIは、ユーザーの投稿に合った魅力的な画像を生成することができます。例えば、ユーザーが投稿した文章に基づいて関連する画像を自動生成することで、コンテンツの視覚的な魅力を高めることができます。

ブログ

ブログ記事の内容に合った画像を探すことは大変な作業ですが、画像生成AIを使用することで簡単に適切な画像を生成できます。特に技術系のブログでは、概念やデータの可視化にAI生成のグラフや図表が活用されることがあります。

ホームページ

ホームページのビジュアルは、企業やブランドのイメージを表現する重要な要素です。AIを用いて、企業の特徴やメッセージに合ったデザイン要素やイメージ画像を生成することで、訴求力のあるホームページを構築することが可能です。

Web広告

オンライン広告は、一瞬でユーザーの興味を引くことが求められます。AIを使用して、ターゲットユーザーの興味や嗜好に合った広告画像を生成し、効果的な広告キャンペーンを実施することができます。

このように、画像生成AIの商用利用は、多くの産業分野で革新的な成果をもたらすでしょう。また、Web業界における画像生成AIの活用は、効率的なコンテンツ制作やデザインの多様性の向上に貢献しています。

ただし、生成された画像が著作権や肖像権などの法的規制に違反しないよう、注意深く活用することが重要です。

●商用利用ができる画像生成AIとできない画像生成AIの基準

どの画像生成AIであっても規約をしっかり確認することが大切です。各画像生成AI公式サイトに、「規約」や「FAQ」、「利用案内」などの項目名で商用利用や有料・無料プランについての記載があります。

無料版でも商用利用可能な場合もありますが、有料版のみ、有料版の中でもプロ使用のみで商用利用可能など、それぞれに特徴があります。

また、各ツールのバージョンアップに伴い、「規約」や「FAQ」、「利用案内」も変更されることがありますので、必ずこれらの最新情報を確認の上、ご利用ください。

●商用利用するメリット

❶コスト削減と効率向上

画像生成AIを利用することで、専門のアーティストやデザイナーに依頼する費用を削減できます。AIは自動的にイラストを生成し、短時間で多くの画像を作成できるため、生産性も向上します。これにより、制作コストを抑えつつ、多くのコンテンツを生成できます。

❷スピードと拡張性

画像生成AIは素早くイラストを生成するため、急な納期にも対応できます。また、必要なだけ多くの画像を生成できるため、大規模なプロジェクトやキャンペーンにも適しています。

❸カスタマイズとバリエーション

画像生成AIは、ユーザーの要望に合わせてカスタマイズされたイラストを生成できます。さらに、異なるスタイルやテーマに基づいて多様なバリエーションを提供する能力もあります。これにより、ターゲットオーディエンスに適したコンテンツを提供できます。

❹一貫性と品質管理

AIによって生成されたイラストは一貫した品質を持ち、人間によるヒューマンエラーが発生しにくいため、品質管理が容易です。ブランドの一貫性を保ちつつ、高品質なコンテンツを提供できます。

❺編集と再利用の柔軟性

AIによって生成された画像は簡単に編集でき、サイズの変更やカラー調整、テキストの追加などが可能です。これにより、同じイラストを異なるコンテキストで再利用する柔軟性が得られます。

❻NFTと新たな収益源

生成したイラストをNFTとして販売することで、新たな収益源を開拓できます。NFT市場は成長中であり、アーティストやコレクターにとってデジタルアートの販売と収益化の新たな機会を提供しています。

❼新しいビジネスモデルの創出

AIによる画像生成は、新しいビジネスモデルの創出に貢献します。AIによるイラストの販売やライセンス提供、プロジェクトの支援など、多くのビジネスチャンスが生まれています。

これらのメリットを活用することで、商用利用のコスト効率化や創造性の向上が実現でき、多くのビジネス分野で画像生成AIが価値を提供します。

●著作権と商用利用についてのまとめ

商用利用を考える際、画像生成AIの利用規約に従うことが必要です。

ただし、商用利用が可能であるからといって、自動的に著作権侵害がなくなるわけではありません。画像生成AIを使用して画像をアップロードや販売する際には、商用利用が認められているだけでなく、同時に著作権を侵害しないか確認することが大切です(著作権については、5.2節以降で解説します)。

まとめると、画像生成AIをビジネスに使用する場合は、下記の2点を守ることが必要です。

- **各画像生成ＡＩの規約などにより商用利用が認められていること**
- **ＡＩで生成した画像は基本的には著作権の侵害はないが、類似性と依拠性(5.4節で解説)により著作権侵害となる場合は、著作権者から許可をとること**

各AIの利用規約や著作権法は時代背景とともに変化する可能性があります。

特にビジネスでの活用を考える場合は、最新の情報を確認することが重要です。

5.2 基本的な著作権制度について

この節のポイント

- 著作権法、著作権者、著作物について基本を解説
- 著作権法が保護する対象と保護しない対象の違いについて
- アイデアの取り扱い

●著作権法について

2023年10月の時点では、AIと著作権の関係はグレーゾーンも多く、制度がAIの発展に追い付いていないのが現状です。ただ、権利を扱う専門家の間でも、論点の整理や法制度の準備をすすめる動きがみられ、将来的には法改正も含めた制度の見直しやガイドラインの整備が行われると考えます。

そこで、この節では今現在の生成型AIを取り巻く著作権問題を整理し、少しでも疑問を解決していきたいと思います。まずは、基本的な「著作権」に関する考え方を解説します。

なお5.2節以降については、主に文化庁のテキストと講演資料を元に解説しています。

「著作権」は創作活動の結果生まれた「著作物」に対する権利で、それを生み出した者、すなわち「著作者」が自動的に持つ保護の仕組みです。これは、あなたが書いた記事や作曲した曲など、自分の創造力を用いて生み出したものが、他人に無断でコピーされた場合や、インターネット上で勝手に利用されることを防ぐための法的な保護措置です。

他人がその著作物を利用したいと言ってきたときは、権利が制限されているいくつかの場合を除き、条件をつけて利用を許可したり、逆に拒否したりできます。

なお、この著作権は著作物が生まれた瞬間に自動的に発生します。つまり、公的機関への申請や登録などの手続きは一切不要です。自分が創り出した作品は、作品が生まれたその時点で著作権により保護されていると理解してください。

・**文化庁著作権テキスト**
https://www.bunka.go.jp/seisaku/chosakuken/seidokaisetsu/93726501.html

・**公益社団法人著作権情報センター**
https://www.cric.or.jp/qa/hajime/

▼図5-2-1:著作権の対象となる物の例：画像　絵や文章、音楽など

この権利を守るために作られたのが「著作権法」です。著作権法の第1条にその目的が規定されています。

「著作権法第1条（目的）この法律は、著作物並びに実演、レコード、放送及び有線放送に関し著作者の権利及びこれに隣接する権利を定め、これらの文化的所産の公正な利用に留意しつつ、著作者等の権利の保護を図り、もつて文化の発展に寄与することを目的とする。」

著作権法の第1条には、❶著作物を創作した者に権利を付与すること（権利の保護、つまり創作の促進）、及び、❷著作物の公正な利用を図ること（権利の制限、つまり公正な利用の確保）のバランスをとることを重視した規定が多く存在します。

・**文化庁著作権テキスト**
https://www.bunka.go.jp/seisaku/chosakuken/seidokaisetsu/93726501.html

●著作権法が保護する対象（著作物）とは

著作物とは何か、第2条（定義）一項に定義が規定されています。

「著作権法第2条（定義）　一　著作物 思想又は感情を創作的に表現したものであって、文芸、学術、美術又は音楽の範囲に属するものをいう。」

著作物は、「❶思想又は感情を ❷創作的に ❸表現したもの ❹文芸、学術、美術又は音楽の範囲に属するもの」とされています。著作物に該当すれば、複製（コピー）や公衆送信（放送、有線放送、インターネットで伝達すること）などの利用行為には著作者の許諾が必要になります。

これ以外の著作物でないもの（単なる事実の記載であるデータ、ありふれた表現、表現でないアイデア（作風・画風など））は、著作権による保護はありません。

つまり、許諾なく自由に利用可能になります。

・**文化庁著作権テキスト**
https://www.bunka.go.jp/seisaku/chosakuken/seidokaisetsu/93726501.html

・**文化庁著作権セミナー「AIと著作権」**
https://www.youtube.com/watch?v=eYkwTKfxyGY&list=WL&index=37&t=6s

▼図5-2-2　著作権の対象とならない例：データ（数字の羅列）など

●著作者・著作権者とは

著作者・著作権者とは何か、第2条（定義）二項に定義が規定されています。

「第2条（定義）二　著作者 著作物を創作する者をいう。」

「著作者」とは、具体的な作品を創作した人のことを指します。これは小説家や画家、作曲家などの職業的な創作者だけでなく、誰にでも当てはまる概念です。

例えば、あなたが作成したレポートや書いた手紙、描いた絵、スマートフォンで撮影した写真なども、すべて著作物となります。

そして大切なのは、その作品が上手なのか下手なのか、芸術的な価値があるか、ないかということは関係ないということです。著作物となる条件を満たすものであれば、それが著作権法の保護を受ける著作物となります。

また、その作品が経済的な価値を持っているかどうかも関係ありません。

例えば、日常生活で撮影した写真が、撮っただけで何にも使われなくても、それはあなたが著作者である著作物なのです。

つまり、著作物を創作した時点で、あなたはその著作物の著作者となり、著作権が発生するのです。これは著作権法によって保証されている基本的な原則です。

- **文化庁著作権テキスト**
  https://www.bunka.go.jp/seisaku/chosakuken/seidokaisetsu/93726501.html

▼図5-2-3　著作者と著作権の対象となる物の例：子供の描いた絵

Column「表現」vs「アイデア」

著作権法とは、簡単に言うと、あなたが書いた詩や描いた絵といった具体的な「作品」を守るものです。ですから、あなたが描いた特定の絵は保護対象となります。

一方で、「アイデア」は扱いが異なります。例えば、あるイラストレーターの独特な画風というのは、その人の「アイデア」を反映しています。ですが、その画風そのものは著作権法で保護されません。そのため、その画風に触発されて新しいイラストを描いたとしても、それは著作権侵害にはならないのです。

なぜこのように区別するのかというと、「創造性の自由」と「表現の多様性」を大切にするためです。もし、「アイデア」までが著作権で守られてしまうと、それが新たな創作や表現の妨げになる可能性があるからです。そのため、アイデアは自由に使えるようになっています。それにより、新しい表現が生まれやすくなり、芸術が豊かになっていくのです。

- **文化庁著作権セミナー「AIと著作権」**
  https://www.youtube.com/watch?v=eYkwTKfxyGY&list=WL&index=37&t=6s

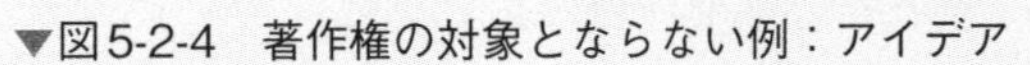

▼図5-2-4　著作権の対象とならない例：アイデア

5.3 著作者の権利とは～それぞれの利用形態について～

この節のポイント

- 著作権の利用形態について：本の出版を例に解説
- 権利の制限（許諾を得ず利用できる場合）について解説
- 著作隣接権（著作物を伝達する人々の権利）について解説

●著作権のもつ特権的権利とは？

著作権とは、著作者が持つ特権的な権利で、著作物の複製、上演、演奏、上映など、さまざまな利用形態について規定されています。これらは「支分権」と呼ばれ、それぞれの利用形態ごとに明確に分けられています。

したがって、著作権法においては「どのような利用をすると、どのような権利が発生するのか」を理解することが非常に重要となります。特に、複数の利用行為が含まれる場合、それぞれ個別に検討する必要があります。

本の出版を例にご説明します。

❶本の執筆

まず、本を書くという行為そのものは、作者が創作物を作り出す行為であり、ここで著作権が発生します。著作者はこの時点で自己の著作物に対する全ての支分権を持つとされます。

❷販売

本が出版社によって印刷・販売される場合、出版権が関係します。著作者は出版社に対してこの権利を許諾し、本が出版・販売されます。

❸私的なコピー

購入者がその本を私的にコピーする場合、著作権法上の複製権が関わってきます。日本の著作権法では私的使用の範囲内であれば、著作者から許諾を得る必要はありません。ただし、そのコピーを第三者に譲渡すると、著作権侵害になる可能性があります。

❹データ化した文章のネットへのアップロード

本の内容をデータ化し、インターネットに公開する場合、公衆送信権が関わってきます。これは著作者の許諾を必要とします。許諾を得ずにインターネット上に著作物をアップロードすると、これは著作権侵害となります。

以上のように、著作物が生み出され、利用され、配布される過程で、各段階における著作権法の適用や著作者の許諾がどのように関わってくるかを理解することは重要です。

他人の著作物を利用する際は、著作権者の許可を得るのが原則です。著作権者からの許諾を得ず、さらに法律の権利制限規定にも当てはまらない状態で著作物を利用すると、それは著作権侵害となります。

このようなトラブルを避けるため、著作権法の適用範囲と内容を理解し、適切に著作物を扱うことが重要です。自身の行為が法律に適合しているか確認することを心掛けましょう。

- **文化庁著作権テキスト**
  https://www.bunka.go.jp/seisaku/chosakuken/seidokaisetsu/93726501.html

- **文化庁著作権セミナー「AIと著作権」**
  https://www.youtube.com/watch?v=eYkwTKfxyGY&list=WL&index=37&t=6s

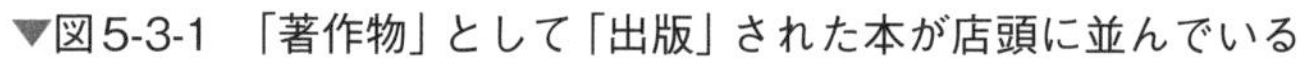

▼図5-3-1　「著作物」として「出版」された本が店頭に並んでいる

●権利の制限（許諾を得ず利用できる場合）

通常、他人の作品を使用する際には、その作品の著作権者から許可を得ることが必要です。しかし、特定の状況下で、著作権者からの許可を必要としない特例を設けています。これを「権利制限規定」と呼びます。

たとえば、個人の使用に限り作品をコピーしたり（著作権法第30条）、引用したり（著作権法第32条）することが許されています。また、教育の場での使用（著作権法第35条）や、非営利目的での上演など（著作権法第38条）も特例として認められています。

これらの特例規定が適用される場合でも、その使用が規定の範囲を超えると、著作権侵害となる可能性があります。

例えば、教育目的でコピーした教材を他者へ販売するなどがこれに該当します。このような場合、著作権者から許可を得る必要があります。

また、著作物を利用する全ての行為が著作権の対象となるわけではありません。例えば、著作物を閲覧する場合や、記憶に残すといった行為は著作権の対象外となります。

- 文化庁著作権テキスト
  https://www.bunka.go.jp/seisaku/chosakuken/seidokaisetsu/93726501.html
- 文化庁著作権セミナー「AIと著作権」
  https://www.youtube.com/watch?v=eYkwTKfxyGY&list=WL&index=37&t=6s

Column 著作隣接権：表現者たちの権利

あなたがテレビで見ている音楽番組、それはいったい誰の「作品」でしょうか？

歌っているアーティスト？それとも曲を作った人？実は、番組制作側も創作の一環に参加しています。どの曲を選ぶか、誰に歌わせるか、カメラはどこから見るかという選択。これらは、音楽を私たち視聴者に「伝達する」過程での工夫です。

ここで「著作隣接権」の話が出てきます。これは、「著作物を伝達する」人々、例えば、放送事業者や実演家に与えられる権利です。新曲を作るわけではないけれど、それをどう伝えるかという「工夫」が認められているのです。

著作権と同じく申請や登録の手続きは不要で、実演や放送を行った瞬間に自動的に権利が発生します。また、著作権と異なり、「創作性」は必要ありません。

例えば、友達がカラオケで歌ったり、学園祭で演奏をしたりすると、これらも著作隣接権が発生します。つまり、私たち一般人でも、自分の表現を通じて「著作隣接権」を持つことができるのです。

- 文化庁著作権テキスト
  https://www.bunka.go.jp/seisaku/chosakuken/seidokaisetsu/93726501.html

・文化庁著作権セミナー「AIと著作権」
https://www.youtube.com/watch?v=eYkwTKfxyGY&list=WL&index=37&t=6s

▼図5-3-2　表現者の権利の例：コンサートで歌う

5.4 著作権侵害の基準

この節のポイント

- 著作権侵害の基準：類似性と依拠性について解説
- 著作権侵害の罰則規定：民事と刑事の違い
- 画像生成AIにおける判断

●著作権侵害の基準

著作権侵害という言葉はよく耳にしますが、その具体的な基準はどのように定められているのでしょうか。ここでは、その重要な2つの要素について詳しく説明します。

まず1つ目は「類似性」です。裁判例によれば、後発の作品が既存の著作物と同一、または類似していることが求められます。ここで重要なのは、作品の「創作的表現＝オリジナルなアイデア」が共通しているかどうかです。

具体的には、音楽業界でよくある著作権の問題をあげることができます。

例えば、Aというアーティストがリリースした楽曲と、後発でBというアーティストがリリースした楽曲が、特定のメロディラインやリズム、歌詞のフレーズが酷似している場合です。もしBの楽曲がAの楽曲から「創作的表現＝オリジナルなアイデア」を著しく引用・模倣していると認識される場合、著作権侵害とみなされる可能性が高まります。このような場合、リスナーもその共通点を簡単に感じ取ることができ、著作権の侵害が疑われることになります。

2つ目の要素は「依拠性」で、既存の著作物に接してそれを自己の作品の中に用いた場合に該当します。例えば、過去に見たイラストを参考にしたり、既存の楽曲を基に新たな楽曲を制作したりする場合などです。

Column 著作権侵害確認の優先順位

実際に著作権侵害を確認する場合は、まず、類似性をみて、次に依拠性を確認します。

また、画像生成においてimage To image (i2i)（元の画像をAIに学習させて新たな画像を生成する手法）で生成した画像は、そもそも依拠性があるため、類似性も認められる可能性が高いといえます。

しかし、既存の著作物を知らずに、偶然一致した場合や独自に創作した場合は依拠性が否定されます。これを判断する際には、後発の作品の制作者が既存の著作物を知っていたか、既存の著作物が周知のものであったか（有名でほとんどの人が知っているなど）、後発の作品と既存の著作物との類似性の程度、後発の作品の制作経緯などが総合的に考慮されます。

著作権侵害の基準は必ずしも明確ではありません。しかし、上記の要素を理解し、自身の制作活動時に注意することが大切です。

- **文化庁著作権テキスト**
  https://www.bunka.go.jp/seisaku/chosakuken/seidokaisetsu/93726501.html
- **文化庁著作権セミナー「AIと著作権」**
  https://www.youtube.com/watch?v=eYkwTKfxyGY&list=WL&index=37&t=6s

この著作権侵害の基準である「類似性」と「依拠性」は後述する画像生成AIと著作権の関係でも非常に重要な観点になります。具体例を含めご紹介していますので、自分が他人の権利を侵害しないように、また、他人から侵害された場合はきちんと対処できるように、しっかり目を通してください。

▼図5-4-1　類似性の画像　赤いバラの花と色を変えただけのバラの花の絵

●著作権侵害の罰則規定

著作者の権利や著作隣接権が侵害された場合、その罪の重さに応じて、民事と刑事でさまざまなペナルティがあります。ただし、2023年10月現在は裁判例も少なく、判例が出ていないため下記の罰則規定がどこまで機能するかは未知数です。

◆民事

- 差止請求（著作権法第112・116条）：侵害行為を停止させるための措置を請求できる。また、侵害のおそれがある場合は予防措置を請求可能。
- 損害賠償請求（民法709条）：侵害により発生した損害の賠償請求ができる。
- 不当利得返還請求（民法703・704条）：他人の権利を侵害することにより、利益を受けた者に対して返還請求ができる。
- 名誉回復等の措置の請求（著作権法第115・116条）：例えば、新聞紙上に謝罪文掲載などの措置を請求できる。

◆ 刑事

- 著作権法119条第1項：10年以下の懲役、1000万円以下の罰金、または両方が含まれる。（法人の場合は、罰金3億円以下）
- ただし、原則として、これらの罰を科すためには著作権者からの告訴（著作権法123条第1項）が必要となる。

▼図5-4-2　著作権侵害のリスク：民事と刑事の裁判

ご紹介してきた著作権の規定は、自身の作品を守り、他人の作品を尊重するための重要なルールです。創作物を生み出す際は、これらのルールを理解し、適切な運用を心がけましょう。

・**文化庁著作権テキスト**
https://www.bunka.go.jp/seisaku/chosakuken/seidokaisetsu/93726501.html

・**文化庁著作権セミナー「AIと著作権」**
https://www.youtube.com/watch?v=eYkwTKfxyGY&list=WL&index=37&t=6s

5.5 画像生成AIと著作権の関係

この節のポイント

- AIで生成した画像の著作権の考え方
- システムの開発データの学習段階における著作権侵害の有無
- 生成利用段階における著作権侵害の有無

●2つの段階における著作権の考え方

「画像生成AIと著作権の関係」について、気になるのは自分の生成した画像が著作権侵害に当たるか否か、または自分の作品を勝手に使われているのではないか、などではないでしょうか。

著作権侵害に関しては、既存の著作権の考え方と変わりません。「類似性」と「依拠性」による判断になります。文章生成や画像生成の大規模言語モデルは、大量の情報を学習し、それをもとに新たな文章や画像を生成します。著作権との関係では大きく2つの問題があり、1つ目はデータの学習段階、2つ目は文章や画像の生成・利用段階に関しての問題です。

▼図5-5-1　データの学習段階と文章や画像の生成・利用段階について

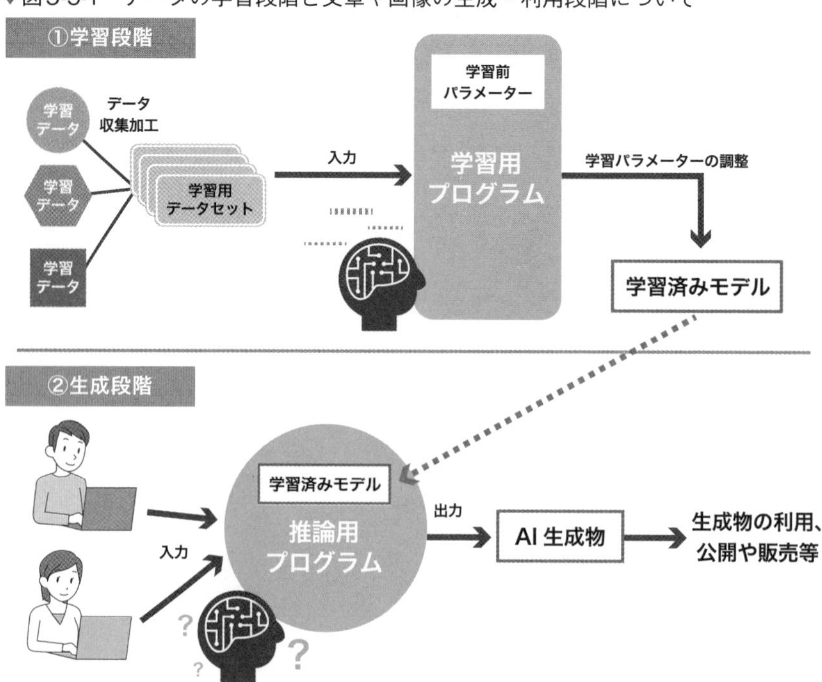

●システムの開発・データの学習段階

AI（人工知能）のシステムの開発・データの学習段階においては、学習用データの収集や複製が行われ、そのデータを利用してシステム（AI学習モデル）が開発されます。このような情報の学習段階における著作権との関係性を解説していきます。

▼図5-5-2　システムの開発・データの学習段階

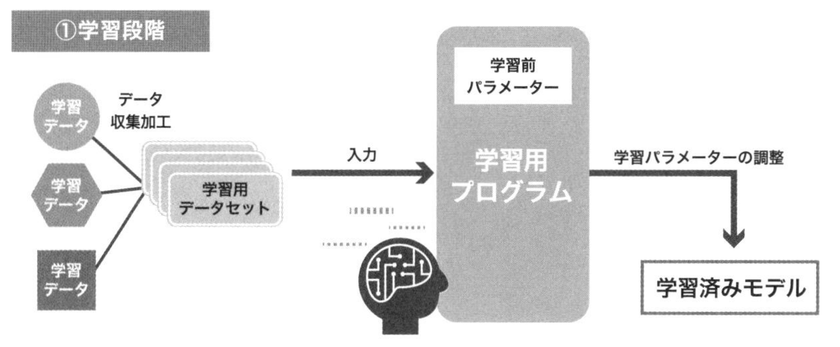

●❶AIシステムの開発・データの学習段階での著作権

AIのシステムの開発・データの学習段階では、学習用データとして膨大な情報が必要とされます。この学習用データには著作物も含まれ、一般的な著作権法では、学習データに対しても著作者の許可を得る必要があります。ただし、AIの開発においては数十億点にもなる大量の学習用データに個別に許可を得ることは困難であり、現実的ではありません。

●❷著作権法の対応

このような課題に対して、著作権法は改正（2018年改正）され、AIのシステムの開発・データの学習段階における著作権の適用を考慮した新たな条文が追加されました。これにより、デジタル化やネットワーク化の進展に対応して、必要な権利制限規定が整備されました。

著作権法第30条の4とは？

著作権法第30条の4は、AIのシステムの開発・データの学習段階において、著作物を利用する際の特例を定めています。

「（著作物に表現された思想又は感情の享受を目的としない利用）
第三十条の四　著作物は、次に掲げる場合その他の当該著作物に表現

された思想又は感情を自ら享受し又は他人に享受させることを目的としない場合には、その必要と認められる限度において、いずれの方法によるかを問わず、利用することができる。ただし、当該著作物の種類及び用途並びに当該利用の態様に照らし著作権者の利益を不当に害することとなる場合は、この限りでない。
一　著作物の録音、録画その他の利用に係る技術の開発又は実用化のための試験の用に供する場合
二　情報解析（多数の著作物その他の大量の情報から、当該情報を構成する言語、音、影像その他の要素に係る情報を抽出し、比較、分類その他の解析を行うことをいう。第四十七条の五第一項第二号において同じ。）の用に供する場合
三　前二号に掲げる場合のほか、著作物の表現についての人の知覚による認識を伴うことなく当該著作物を電子計算機による情報処理の過程における利用その他の利用（プログラムの著作物にあつては、当該著作物の電子計算機における実行を除く。）に供する場合」

この条文により、著作物が次の条件を満たす場合には、著作権者の許諾を得ることなく利用することができます。

- **著作物の表現に含まれた思想又は感情を享受することを利用目的としない場合**
- **著作権者の利益を不当に害することとならない場合**

「享受」というのは、著作物の表現に含まれた思想又は感情を、視聴者などの知的・精神的欲求を満たすという効用を得ることを目的とする行為を指します。簡単に言い換えると、著作物を見たり、聞いたりすることです。

享受を目的とする利用行為の例を以下に示します。

◆ **映画や音楽の鑑賞・聴取**

- 映画館で映画を鑑賞する行為や、音楽をCDや音楽配信サービスで聴く行為など

◆ **書籍や漫画の読書・閲覧**

- 書店で本を購入し、読書する行為や、漫画を電子書籍で閲覧する行為など

◆ **ゲームのプレイ**

- ゲームソフトやオンラインゲームをプレイして楽しむ行為など

◆ **舞台演劇やコンサートの鑑賞**

- 舞台演劇やコンサートなどのライブパフォーマンスを鑑賞する行為など

◆ **芸術作品の鑑賞**

- 美術館や博物館で絵画や彫刻などの芸術作品を鑑賞する行為など

これらの行為は、視聴者や読者、利用者などが著作物の内容を楽しむことを目的としています。

▼図5-5-3　享受を目的とする著作物の利用行為の例：ゲームをする

これに対して、AIのシステムの開発・データの学習段階での利用や情報解析の用途などは、「享受を目的としない利用行為」に該当する可能性があります。著作権法第30条の4によって、このような利用行為に特例的な権利制限が設けられています。

❸享受を目的としない利用行為の例

- 著作物の録音、録画その他の利用に係る技術の開発又は実用化のための試験の用に供する場合
- 情報解析（多数の著作物その他の大量の情報から、当該情報を構成する言語、音、影像その他の要素に係る情報を抽出し、比較、分類その他の解析を行うこと）の用に供する場合
- 著作物の表現についての人の知覚による認識を伴わない情報処理の過程における利用

データの学習段階における著作物の情報入力は、「享受のない利用」とされ、著作権者への経済的不利益は生じないと考えられています。

▼図5-5-4　著作物の享受を目的としない例：データ解析

●❹ただし書とその適用

著作権法第30条の4には「ただし書」という例外規定があります。「ただし、当該著作物の種類及び用途並びに当該利用の態様に照らし著作権者の利益を不当に害することとなる場合は、この限りでない。」という一文です。

享受を目的としない利用行為であっても、著作権者の利益を不当に害する場合にはこの規定の適用が除外されます。つまり、原則通り、著作者の許諾が必要になります。具体的には次のような内容です。

- 情報解析用のデータベースの著作物の利用

著作権者が情報解析用に販売しているデータベースの著作物の利用料を払わずAI学習目的で複製する場合などが該当します。

このような利用行為が著作権者の利益を不当に害し、情報解析用のデータベースの市場や著作権者の収益に影響を与える場合、本条の規定の対象外となります。つまり、原則通り、著作者の許諾が必要になります。

著作物の市場と衝突する利用行為

ある著作物の利用が、著作物の市場や将来の潜在的な販路を阻害する場合には、本条の規定の適用から除外される可能性があります。

たとえば、ある映画作品をAI学習に利用することが、その映画のDVD販売やストリーミングサービスの契約に影響を与える場合が考えられます。この場合にも、原則通り、著作者の許諾が必要になります。

2023年10月現在は、判例や指針となるガイドラインがまだ見当たらないため、具体的なケースでは裁判により個別に判断されることになります。

- **文化庁著作権テキスト**
  https://www.bunka.go.jp/seisaku/chosakuken/seidokaisetsu/93726501.html

- **文化庁著作権セミナー「AIと著作権」**
  https://www.youtube.com/watch?v=eYkwTKfxyGY&list=WL&index=37&t=6s

●生成・利用段階

AI（人工知能）の文章や画像の生成・利用段階においての流れを説明します。学習段階で作られたシステム（AI学習モデル）に対して、何らかの入力や指示を行うと、指示に沿ったAIによる生成物を作成することができます。

▼図5-5-5　文章や画像の生成・利用段階

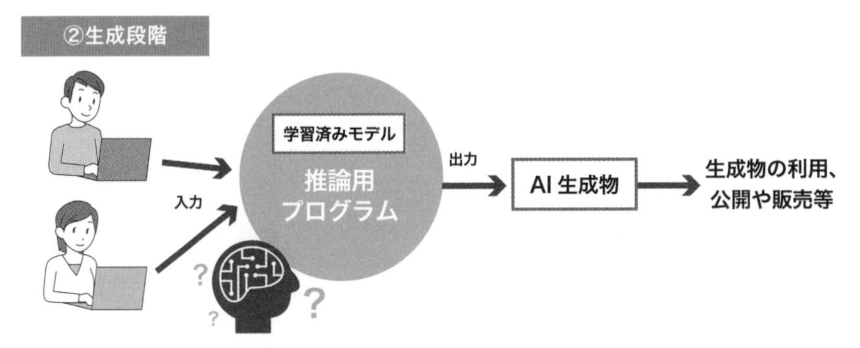

このAI生成物を公開したり、販売したりする場合は、著作物の「公衆送信」「譲渡」にあたることに注意してください。つまり、生成物をインターネット上で公開したり（公衆送信）、または生成物の複製を販売したりする場合は、著作権などの法的な規制に従う必要があります。このような画像の生成・利用段階における著作権との関係性を解説していきます。

●❶著作権法の対応

AIによる画像生成に関しては、従来の著作権法が当てはまります。生成された画像に「類似性」と「依拠性」があるか否かということです。2023年10月現在は、ガイドラインや判例も見当たらず、グレーゾーンです。そのため、今後裁判の中で個別に判断されていきます。

なお、類似性、依拠性、権利制限規定など、詳しくは5.4節の著作権侵害の基準をご参照ください。

●❷著作権侵害の基準の具体例

著作権侵害の基準は、複雑で状況によって異なり、判断は非常に困難です。そのため、個別の判断は裁判によりますが、最低限留意する必要があるものを下記にご紹介します。

類似性と創作的表現の共通性

AI生成物が他のコンテンツと類似している場合、その類似性が著作権侵害とみなされるかどうかは、どれほど共通性があり、似ているかにかかっています。

アイデアや作風、画風などの一般的な要素が類似しているだけでは十分ではなく、具体的に創作的な表現が共通している必要があります。

どれほど共通性があり、似ているかというのは、以下のような要素を含む場合です。

キャラクターの設計と描写

キャラクターが物語や作品の中で持つ性格、感情、行動、外見など、独自の特徴や個性的な要素は、その作品の創作的な表現に影響を与えます。

世界観や背景設定

作品の舞台となる世界や背景も、独自の創造性を持つ要素です。独特の風景、文化、歴史、技術などが含まれることで、作品の一貫性や深みが生まれます。

ストーリー展開とプロット

物語の進行や展開、キャラクターの成長や関係性の発展などは、著作者の創作的な手法を反映します。予測不能な展開や驚きを提供する要素も含まれることがあります。

言語や表現の選択

言葉の選び方や文章の構成、詩的な表現、ダイアログの工夫など、文章の表現方法は著作者のスタイルを表す重要な要素です。

メッセージやテーマ

作品が伝えるメッセージやテーマも創作的な表現の一部であり、著作者の思考や価値観を反映する要素として重要です。

AI利用者の依拠性

AIを利用して画像を生成した場合、既存の著作物に類似したコンテンツが生成される場合があります。その際、依拠性があるのか、ないのかについては、専門家の間でも議論中の論点になります。

image To image (i2i)の利用

AI利用者がimage To image（i2i）の技術を使用して既存著作物を元にコンテンツを生成する場合、元となる画像から派生して生成されたものであり、依拠性があるとみなされるか、みなされないかは、専門家の間でも議論中の論点になります。

ただし、自分の写真を使ってimage to image（i2i）で画像を生成しても当然著作権の問題は生じません。

学習の違いによる依拠性の考え方の違い

特定のクリエイターの作品を集中的に学習させたAIは、そのクリエイターの作風や特徴を強く反映する可能性が高いため、依拠性があるのか、ないのかについては、専門家の間でも議論中の論点になります。

高品質な人物を生成できる特定のモデルも該当すると考えられます。ただし、経済的利益の損害なども含めて裁判により個別に判断されます。もちろん私的に生成物を楽しむ分にはなんの問題もありません。アップロードや販売などの場合に注意が必要です。

既存キャラクターの生成意図

生成者が既存のキャラクターを認識し、その特徴を詳細なプロンプトで表現、それを元にキャラクターを生成する場合、依拠性があると考えられる可能性が高くなります。既存キャラクターに似せて画像を生成しようという意図が読み取れる場合です。

以上の具体的な例は、AI生成物の著作権侵害の基準を考える際の要点となります。ただし、個々のケースには状況に応じて異なる判断が必要ですし、法的な専門家への相談が重要です。

Column 「○○風」

「○○風の女の子」というプロンプトだけで生成された画像が必ずしも著作権を侵害するわけではありません。一つ一つのケースで検討する必要があります。ただ、もし有名な○○作品のキャラクターを模倣するような意図で、その特定のプロンプトや画風を選んだ場合、気をつける必要があります。著作権に関わる問題は慎重に取り扱うことが大切です。

▼図5-5-6　アニメ風の女の子

5.6 AIで画像生成をする際の注意点

この節のポイント

- AIで画像生成する際にやってはいけないこと
- AIに著作権はあるのか
- 海外の画像生成AIをめぐる裁判事例

●著作権や関連する法的問題についての留意点

著作権や関連する法的問題についての留意点としては、次のような項目があります。

❶類似性と依拠性の検討

生成物が他のコンテンツと類似しており、それに依拠している場合、著作権侵害が成り立つ可能性があります。依拠性は、既存の要素を基に生成物が作成されている程度を指し、依拠性が認められると著作権侵害とされる可能性があります。

❷著作権者の許諾と権利制限規定

生成物が他の作品に依拠している場合、著作権者から許諾を受けているか、あるいは著作権法の権利制限規定に該当しているかを確認することが重要です。許諾を得ずに利用する場合や制限規定に違反する場合、著作権侵害が生じる可能性があります。

❸肖像権などの関連権利の検討

著作権侵害でない場合でも、肖像権などの関連権利についても注意が必要です。人物の肖像や特定の要素を含む場合、その使用には別の法的問題が絡むことがあります。

❹アップロードや販売における権利制限規定

生成物を公開したり販売したりする場合、著作権法の権利制限規定が適用される場合があります。ただし、これらの規定に合致しない場合、著作権者の許諾が必要となることが考えられます。

これを簡単に「やってはいけないこと」として言い換えます。

- 類似性と依拠性がある
- ○○風（著作権の切れていない有名な画風の指定）
- 特定のキャラクターを再現する意図を持ち具体的で詳細なプロンプトにて画像生成、または、image To image（i2i）を使い画像生成

上記の注意事項を意識して守ることで、著作権や関連法的問題を回避し、法的なトラブルを未然に防ぐことが、ある程度可能と考えます。

ただし、個別の状況によって異なるため、100％問題ないとは言えません。必要に応じて専門家のアドバイスを受けることも大切です。

さらに、生成物が著作権を侵害する状況になった場合、民事的および刑事的なペナルティが考えられます。これを避けるためにも、最低限注意点を踏まえて画像生成AIを活用してください。

・文化庁著作権セミナー「AIと著作権」
https://www.youtube.com/watch?v=eYkwTKfxyGY&list=WL&index=37&t=6s

●AIが生成した画像の著作権について

AIが生成した画像が著作権の対象になるためには、いくつかの条件が必要です。

まず、「思想又は感情を創作的に表現したもの」であることが求められます。

つまり、ただ単にデータを処理して生成されたものではなく、AIが何か新しいアイデアや感情を込めて作ったものである必要があります。

次に、AIの使い方や関与によって異なるということです。たとえば、人がAIに指示を与えて生成する場合、その人の指示やアイデアが含まれていると考えます。その場合、AIという「ツール」を使っている人が著作者として認められる可能性があります。誤解を恐れずに言うならば、ペンや絵の具で絵を描く場合、ペンや絵の具は単なるツールですが、それと同様な考え方です。

しかし、AIが完全に自律的に生成した場合、つまり人のアイデアや指示がほとんど関与していない場合は、著作権の対象となるのは難しいようです。

例えば、単に「猫の絵を描いて」と指示した場合などです。その理由として、著作権は人の創造性やアイデアに基づいて認められる権利だからです。

要するに、AIが生成した画像に著作権があるかどうかは、その生成の背後にある人の創造性やアイデアの関与によって異なります。AIを「道具」として使って、自分のアイデアを表現した場合、その画像には著作権が生じるかもしれません。

ただし、AIの技術はまだ進化中であり、具体的なケースごとに判断が必要です。

著作権の世界もAIの進化に合わせて変わっていくかもしれません。

だからこそ、AIを使った創作活動をする際は、著作権についてもよく理解し、不明なところは専門家のアドバイスを受けることが大切です。

AIと著作権の関係は、今後も注目されるテーマです。皆様も興味があれば、自分なりに調べてみてください。

- **文化庁著作権セミナー「AIと著作権」**
  https://www.youtube.com/watch?v=eYkwTKfxyGY&list=WL&index=37&t=6s

AIを使ったビジネスは今後も発展していくと思います。

皆さんがルールを遵守し、楽しみながらビジネスを展開されることを願っています。

索 引

記号・数字

アルファベット

あ行

か行

ま行

や行

ら行

おわりに

この本を手に取り、最後まで読んでいただき本当にありがとうございます。

画像生成AIの進化は、Webコンテンツ制作において革新的な変化をもたらしました。手間暇かかるイラスト制作や素材の検索から解放され、誰もが簡単に魅力的なビジュアルを生成できる時代が到来しました。

デザインやイラストに不慣れな方でも、AIが提供する高品質な画像を利用することで、自身のコンテンツを一層引き立たせることができます。

本書では、画像生成AIの基本的な手法から具体的な活用方法までを詳しく解説してきましたが、最後に伝えたいことが次のとおりです。

生成AIは、AIとの対話力が重要だと考えています。
そして、そのために必要な要素が言語力（プロンプト力）です。

『言葉を制する人が、この生成AIの世界で生き残っていける人である』
こう考えるのです。

これからは、AIとの共創を通じて新たなWebライティングの世界が広がるでしょう。本書がその一助となり、読者の皆様がWebコンテンツ制作において新たな可能性を見出し、潜在力を最大限に引き出す手助けとなれば幸いです。

これからも画像生成AIの可能性を追求し、新たな表現の道を切り拓いていくことを期待しています。

瀧内 賢（たきうち さとし）

●著者紹介

瀧内 賢（たきうち さとし）

株式会社セブンアイズ代表取締役
本社：福岡市　サテライトオフィス：長崎市　※2022.5〜広島市にサテライトオフィス開設
福岡大学理学部応用物理学科卒業

SEO・DXコンサルタント、集客マーケティングプランナー
Webクリエイター上級資格者

・All Aboutの「SEO・SEMを学ぶ」ガイド
・宣伝会議 生成AIを活用したWebライティング講座 講師
・福岡県よろず支援拠点コーディネーター
・福岡商工会議所登録専門家
・福岡県商工会連合会エキスパート・バンク 登録専門家
・広島商工会議所登録専門家
・長崎県商工会連合会エキスパート
・佐賀県商工会議所連合会専門家派遣事業登録専門家
・2023年度小規模事業者経営力向上支援事業スーパーバイザー
・佐賀県商工会連合会登録専門家
・摂津市商工会専門家
・くまもと中小企業デジタル相談窓口専門家
・熊本商工会議所エキスパート
・広島県商工会連合会エキスパート
・大分県商工会連合会派遣登録専門家
・鹿児島県商工会連合会エキスパート
・山口エキスパートバンク事業登録専門家
・北九州商工会議所アドバイザー
・久留米商工会議所専門家
・宮崎商工会議所登録専門家

著書に「これからのAI×Webライティング本格講座 ChatGPTで超時短・高品質コンテンツ作成」(秀和システム)、「これからはじめるSEO内部対策の教科書」「これからはじめるSEO顧客思考の教科書」(ともに技術評論社)、「モバイルファーストSEO」(翔泳社)、「これからのSEO内部対策本格講座」「これからのSEO　Webライティング本格講座」(ともに秀和システム)、「これだけやれば集客できる はじめてのSEO」(ソシム)、「これからのWordPress SEO 内部対策本格講座」(秀和システム)がある。
ChatGPTなどDXセミナー・研修はこれまで１８０回以上(2023.11現在)。月間平均コンサル数は120件前後。

※本書は2023年11月現在の情報に基づいて執筆されたものです。
本書で取り上げているソフトウェアやサービスの内容は、告知無く変更になる場合があります。あらかじめご了承ください。

■校正（第5章）
株式会社新後閑
■カバーデザイン / 本文イラスト
高橋康明

これからのAI×Webライティング本格講座　画像生成AIで超簡単・高品質グラフィック作成

発行日　2023年 12月 18日　第1版第1刷

著　者　瀧内　賢

発行者　斉藤　和邦
発行所　株式会社　秀和システム
〒135-0016
東京都江東区東陽2-4-2　新宮ビル2F
Tel 03-6264-3105（販売）Fax 03-6264-3094
印刷所　三松堂印刷株式会社　Printed in Japan

ISBN978-4-7980-7075-9 C3055

定価はカバーに表示してあります。
乱丁本・落丁本はお取りかえいたします。
本書に関するご質問については、ご質問の内容と住所、氏名、電話番号を明記のうえ、当社編集部宛FAXまたは書面にてお送りください。お電話によるご質問は受け付けておりませんのであらかじめご了承ください。